KB147688

THE STORY OF BREAD BREATHING ALIVE

70년간 빵과 인연을 맺어온
제과제빵 명예교수의 **빵 이야기**

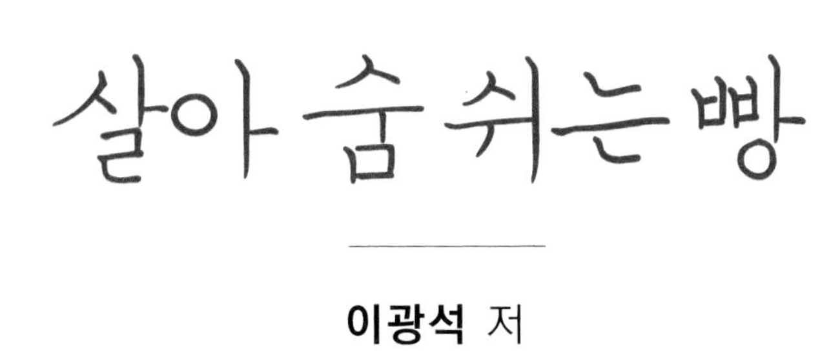

이광석 저

(주)백산출판사

들어가기에 앞서..

내가 태어나기 전부터 부모님이 빵집을 했고, 태어나면서부터 빵맛을 보고 자랐으며, 그 후 쭉 빵과 인연을 함께 했으니 얼추 70년의 세월을 보내게 되었다. 부모님 말씀에 의하면 내가 태어나던 해부터 급격히 장사가 잘되었다고 하며, 대학에서 제과제빵 학문을 처음 시작한 이래 많은 학교들에서 가르치고 있는 현실을 보니 나는 운이 따라주는 사람이었다고 생각한다. 돌이켜보면 순탄치만은 않았던 삶이었지만 그래도 결론은 유익하고 재미있는 삶이었다. 찾아오는 제자들을 볼 때 내가 무엇인가 공헌을 한 것이 있다는 자부심이 들기도 하며, 내 마음대로 시간을 할애할 수 있는 교수란 직업이 주는 재미도 있었다. 어찌 보면 선구자로서의 역할은 매우 고단하다고 할 수 있겠다. 그러나 늘 새로운 일들을 준비하고 마무리 과정을 위해서 있었던 도전은 나로 하여금 정년까지 할 수 있는 원동력이 되었다.

이 책의 구성이 다소 생소하게 되어있다고 느낄 수 있다. 그럼에도 불구하고 서론, 본론, 결론의 3장과 부록이라는 구성은 그동안의 교수생활에서 반영되었던 하나의 익숙한 포맷이라 생각되어 마지막이 될지도 모를 이 책의 골격으로 삼게 되었다. 제1장 서론에서는 인류 식문화의 하나로 자리 잡고 있는 빵의 역사를 살펴보고, 제빵이란 무엇인가에 대해서 일반 독자들도 알 수 있도록 정리하였다. 또한 제빵에서 기본적으로 필요한 내용들과 국내의 베이커리 산업을 소개하였다. 그리고 제2장 본론은 제빵에 관한 이론들을 여러 주제들로 나누어 빵을 전공으로 하는 전문가들을 위해서 그동안 발표되었던 국내외의 자료들과 학생들을 가르쳤던 자료들을 이용하여 제빵의 과학적인 접근을 시도하였다. 이러한 과학적인 서술을 위해서 200편 이상의 국내외 자료들을 참조하였으나 자칫 제과제빵 학문의 어려움만을 강조하는 것으

로 여겨질까 하는 염려로 이 책에서는 따로 나타내지 않았으며, 필자가 집필해서 판매가 이루어졌던 "최신 제과제빵론"을 참조한다면 도움이 될 것이다. 마지막으로 제3장 결론 – 빵생 이야기에서는 필자가 정년퇴임할 때 지인과 제자들에게 무료로 배포했던 "이광석 교수의 빵생 이야기"에 실었던 내용으로 제빵과 인생의 동질성에 대한 필자 나름대로의 생각을 정리해 보았다. 마지막으로 부록은 사진 이야기로서 국내외 여행 중 소장하였던 사진들과 여기에 나만의 짧은 글을 덧붙여서 완성하였다. 따라서 이 책을 전체적으로 본다면, 제빵 역사와 같이 가볍게 읽을 수 있는 내용부터 글루텐의 발전이나 기공의 형태와 같은 전문적인 참고가 될 부분들까지도 있으니 이 책을 읽는 독자들의 수준에 맞게 활용하기를 바란다.

제과제빵이라는 나만의 학문을 위해서 긴 석 · 박사 시절 함께 했던 친구들, 미천한 나에게서 가르침을 받아왔던 많은 제자들, 긴 세월을 함께 생활한 경희대학교 교직원들, 제과제빵 분야에서 알게 된 모든 사람들, 그리고 나의 삶과 인연이 있었던 사람들에게 그동안 지내오면서 부덕한 나의 잘못이 있다면 너그러운 이해를 바라는 바이다. 지나보면 순간의 일이 아닌가 한다. 오늘도 또 내일도 시간이 흐르는 것과 같이 젊음이 있으면 늙음이 오고, 또 새로운 젊음이 나타나는 것이 세상 이치가 아니겠는가. 또한, 이 책을 읽는 모든 독자들! 귀댁의 행복과 안녕을 빌며, 각자의 소임을 마치는 그날, 나와 같이 자기 생을 돌이켜보는 그런 결과를 세상에 남겨 볼 수 있기를 바랍니다.

2022년 5월, 회기동에서

이 광 석

CONTENTS

3장 결론 – 빵생 이야기

부록 – 사진 이야기

이 되며, 빵 반죽의 온도나 케이크에서의 비중은 중요한 역할을 한다. 결국 품질의 좋고 나쁨은 시작에서부터라 할 수 있다.

제과제빵은 오랜 역사를 가지고 있으나 실제로 과학적인 기반을 구축하게 된 것은 그리 오래되지 않는다. 또, 제품을 만들어 팔면 되니까 비교적 단순한 사업인 것 같지만, 베이커리 사업을 잘 이끌어 나가기 위해서는 입지 선정이나 가격 결정, 그리고 소비자 파악까지 신경 쓸 부분이 많기 때문에 매우 어려운 사업이라 할 수 있다.

제과제빵 품목은 기본적으로는 간단히 몇 가지로 정리가 된다. 가령, 기본적인 빵 종류로는 식빵, 단과자빵 등 몇 종류가 있겠지만, 단과자빵 한 가지만 보더라도 앙금빵, 소보로빵, 크림빵 등 모양이나 성형 등이 상당히 다르다거나, 크림빵에서도 빵을 미리 굽고 나중에 크림을 넣거나 성형 과정에서 크림을 미리 넣고 굽는 종류도 있으니, 베이커리 제품의 종류는 상당히 많다. 결국, 몇 가지만 잘 배운다면, 나머지는 개인의 창의성과 노력에 따라 성공 여부가 판가름 나는 사업이다.

1장

서론

1-1. 빵의 역사

빵의 역사는 언제부터이며, 어떻게 유래하였을까? 빵을 가르치고 있는 학자라면 누구나 한 번쯤은 생각하고 연구를 해보고자 하는 주제가 아닐 수 없다. 빵의 세계 역사를 보면 기원전 6000년경 스위스 동굴벽화에서 나타난 것을 효시로 하고 있었으나 그저 떨어진 낟알들이 물에 붇고 따가운 햇볕에 건조되는 정도를 말하는 것이라 알려져 왔다. 오히려 빵의 주재료가 밀가루인 점을 감안한다면 곡식이 풍요롭게 재배되었던 기원전 4000년경 메소포타미아 지역을 말하기도 한다. 그러나 빵의 시초라는 관점에서 여러 나라가 서로 시초가 되고자 하는 경쟁이 있어 왔으며, 터키에서 발견되었던 유물을 바탕으로 제빵역사가 9100년에 달한다는 것이 정설이었다. 그러나 2018년 요르단 지방에서 실제로 타다 남은 빵 조각이 발굴되었으며, 과학적인 탄소 연대측정 결과 이 빵은 14500년 전에 만들어졌고, 세 가지 곡물을 사용하였으며, 심지어는 빵의 기공도 발견되어 어느 정도의 반죽 과정이 있었다는 것이 밝혀지기도 했다. 결국 인간은 구석기 시대 이전부터 아주 오랫동안 다양한 곡물들을 혼합하여 반죽을 만들어 구워서 먹었던 것이다.

그림 1-1 | 빵의 세계 역사

〈그림 1-1〉에서 보듯이 전쟁이 빈번했던 고대 이집트에서는 빵이 군사의 식량으로, 노역에 동원된 백성에게 지급되는 수단으로 사용되었다. 이렇듯 생산의 관점에서 본다면 기원전 2000년경 이집트를 빵의 시초로 보는 것이 보편적인 학설이다.

지금의 천연발효빵도 벌써 그 당시에 존재하고 있었으니 그 당시의 빵이야말로 지금의 빵과 품질이 비슷했을 것이라고 보고 있다. 또한 지중해의 온화한 기후에서 재배되는 여러 과실류들은 빵의 맛을 한층 풍부하게 해주었다. 상업적으로 본다면 협동조합이 만들어지고 대중을 대상으로 판매가 이루어졌던 로마시대도 빼놓을 수 없다. 제1, 2차 세계대전을 통해서 개발된 기계들을 응용해서 제빵 기계가 비약적으로 발전하여 비로소 속도를 조절할 수 있는 반죽기도 사용할 수 있었으며, 과학적으로 본다면 1860년경 유명한 과학자인 파스퇴르에 의해서 빵 발효의 원인이 규명되었던 시점이 될 수도 있겠다. 결국, 어떠한 관점에서 역사를 따지는가 하는 의문은 어떠한 주제로 역사를 보느냐 하는 문제라 할 수 있다.

터키의 국기를 모방해서 만들었던 크루아상도 원칙적으로는 버터를 넣어 만든 초승달 모양이지만 지금은 마가린으로 만든 길쭉한 마름모꼴이고, 처음의 배합 및 반죽과는 많은 차이가 있다. 오스트리아에서 처음 만들어졌던 바게트도 상업적인 면에서 본다면 오스트리아 인 August Zang이 프랑스에서 만들어 판매한 시점인 1839년이 될 수 있으며, 지금의 가늘고 긴 형태 면에서 보면 1920년 프랑스 정부의 제과점에 대한 규제 이후에 변화된 모양이라 할 수도 있다.

〈그림 1-1〉의 오른쪽 그림은 실제로 이집트의 람세스왕 무덤에서 발견된 벽화이며, 제빵의 반죽부터 굽기까지 모든 과정을 보여줄 뿐만 아니라 그 당시의 사회상까지도 보여준다. 그림을 자세히 보면, 아랫부분에 있는 사람들 다리가 점으로 표시되어 있으며, 실제로 이집트에 가서 벽화들을 보면 다리뿐만 아니라 팔이나 얼굴도 점으로 표시되어 있는 것도 볼 수 있다. 이것은 옛날에는 살아있는 생전 세계도 중요하지만 죽은 후 사후 세계도 중요하게 여겼기 때문이며, 중국의 진시황제 무덤에 흙으로 된 기마병들이 있는 것도 다 이런 이유 때문인 것이다. 그림 윗부분의 맨 왼쪽을 보면, 사람들이 반죽을 하는데 막대 같은 것을 들고 있어서 반죽 과정이 힘들기 때문에 지팡이에 의지해서 발로 밟아가면서 반죽하는 것을 나타내었다. 이는

그 당시에도 제빵이 힘든 직업이었다는 것을 말해 준다. 그리고 오른쪽으로 가면 반죽을 통에 담아 와서 성형을 하고 굽는 것을 나타내는데 빵 모양이 둥근 형태뿐만 아니라 삼각형도 있고 또 동물 모양도 있어서 동물을 우상화했던 당시의 사상을 보여 주기도 한다. 굽기를 보면, 오븐에 손을 넣고 있는데, 그 당시는 지금하고 달라서 오븐에 불을 때고 그 벽에 반죽을 붙여서 구웠던 것으로 지금의 오븐과 같은 간접열이 아니라 직접열인 것이다. 끈적한 점착성이 있는 반죽이 구워지니까 자연히 바닥에 떨어질 것이고, 빵 표면에 붙어있는 재들을 털어서 먹었다.

제과제빵의 국내 역사는 〈그림 1-2〉와 같이 정리하였으며, 세계 역사와 마찬가지로 구한말 이전에 점들이 표시되어 있다. 대부분의 책들을 보면, 우리나라의 제빵 시초는 1900년경 구한말 시대에 외국인들이 드나드는 지금의 호텔 같은 정동구락부에서 판매된 '면포'라고 하는 빵과 '설고'라는 카스텔라가 우리나라 제빵의 시초라고 하고 있다. 그러나 그 당시에 일반 우리나라 사람들이 들어가서 사 먹을 수는 없었을 것이다. 그 이전의 점들을 보면, 네덜란드의 하멜 일행이 우리나라에 표류되어 있다가 1653년에 탈출할 때에 빵을 만들어 가지고 갔다는 기록이 남아 있으며, 그 이전 1627년에도 네덜란드의 벨테브레이(박연)라는 외국인이 우리나라에 표류하였는데 기록에 의하면 이 사람이 마른 떡을 만들어 먹었다고 한다. 지금 보면 빵인 것이다. 또 하나, 예로부터 우리나라는 중국에 대한 사대사상이 있었고, 중국에서는 훨씬 오래전(기원전 약 2000년경)부터 밀이 재배되어 왔다. 우리나라 고조리

| 그림 1-2 | **빵의 국내역사**

서를 보면 밀가루로 만든 한과들이 있는데 그 당시 매우 귀중한 것으로 여겼으니, 따지고 보면, 우리나라의 제빵 역사는 조선, 고려가 아니라 더 이전으로 중국의 문물이 유입되었던 삼국시대까지도 올라갈 수 있다.

일제 시대 때는 일본인들이 자기들 먹으려고 빵을 만들었고, 실제로 일본인들이 운영하는 빵집도 서울에 많이 있었다. 따라서 우리나라 사람들이 그들로부터 기술을 배우게 되고, 해방될 때 남겨진 기계들을 가지고 우리나라 사람들이 빵을 만들게 되었다. 또한, 국내의 제빵 역사에서 전쟁도 역사적인 관점이 있다. 6.25 전쟁이 끝나고 미국의 원조로 빵을 만들 때 제일 중요한 밀가루가 들어왔기 때문에 사실 이때부터 실제로 우리나라의 제빵 역사가 시작되었다고 볼 수도 있다. 또한 IMF를 거치면서 국내의 제빵 산업체가 변화되어 그 당시 점포 수가 가장 많았던 고려당과 태극당과 같은 빵집들이 없어지게 되었고, 심지어는 소비자들이나 빵집 경쟁들이 심해짐에 따라 정부가 법을 만들어 규제를 하기 시작해서 프랜차이즈 베이커리는 500미터 내에 다른 빵집이 있으면 열 수 없도록 하는 제한도 두고 있다. 그리고 앞으로도 어떤 변화들이 나타날지는 아무도 모르는 거니까 이렇게 점점점(…)으로 표시하였다. 결국, 국내의 제과제빵 역사는 빵집에서는 빵만 판다는 옛날의 고정화된 관념의 베이커리에서 경쟁이 심한 요즈음 살아남기 위해서 남들과 차별화하는 베이커리로 발전하는 과정이라 할 수 있다. 우리나라에서 서울 올림픽 전에는 빵집에서 커피도 팔지 못했으니 말도 안 되지만 할 수 없었다. 악법도 법은 법이니까 시대에 따라 그에 맞게 베이커리가 변화하고 있다고 본다.

실제로 베이커리 산업이 활성화된 일제 시대 이후부터의 국내 베이커리 산업을 세대별로 구분해 보면 〈그림 1-2〉와 같으며, 한 세대라 하면 보통 30년을 말하므로 대략 100년 정도를 3세대까지로 분류할 수 있다. 그러나 정확한 연대를 표시할 수는 없으며, 3세대에 접어든 지금도 1세대의 경영을 하는 곳이 있으며, 아직은 2세대의 사람들이 사회에 존재하기 때문이다.

1세대는 주로 지금은 작고하신 원로들 세대로서, 이때는 대부분 주인과 기술자가 달랐다. 주인이 기술자를 고용하여 베이커리 경영을 했던 형태였다. 그래서 더 좋은 기술자를 확보하는 것이 곧 돈을 버는 것이고, 사실 이때야 빵이 귀했으니까 돈도 많이 벌었던 시기이다. 한편 기술자들의 잦은 이직을 막기 위한 방편으로 세미나나 외국 연수도 많이 활성화되었던 시기이기도 하다. 그러다가 자본력이 생긴 기술자들이 직접 빵집을 차리게 되는 2세대에 들어서며, 이 세대에서는 주인 자신이 기술이 있으므로 생산 인력을 구하는 데 별 문제가 없는 시대로 본다. 한 가지는, 꼭 그렇다는 것은 아니지만, 일만 하다 보니까 경영 능력이 부족한 경우가 생겨서 다시 기술자로 돌아가거나 또 경영을 배우려고 열심히 공부하는 사람도 나타났다. 3세대는 지금의 젊은 사람들이라 할 수 있다. '젊다'는 것은 꼭 나이가 어리다는 것이 아니라, 비교적 늦게 제빵을 시작했다는 것을 의미한다. 1세대, 2세대 같은 시대에서는 기술 하나 배우려면 시간이 많이 소요되었지만, 요즈음은 그저 인터넷으로 클릭 한 번 하면 재료 배합이나 만드는 공정을 쉽게 알 수 있으며, 옛날에 비해서는 본인이 마음만 먹으면 쉽게 배울 수 있는 학원이나 학교 같은 곳도 많이 있다. 또, 수십 가지 제품들을 만들어야 했던 옛날보다 지금은 몇 가지만 만들 줄 알아도 쉽게 자기 빵집을 차릴 수 있으므로 요즈음 젊은이들은 이런 3세대에 속한다.

과연, 4세대는 어떤 모습이 될까? 벌써 다른 분야의 조리 식품에서 시도하여 판매되고 있는 컴퓨터를 이용한 제빵 세대이다. 가령, 손님이 원하는 대로 그 자리에서 만들어 주는 것이다. 고객은 이 모양 저 모양을 메뉴 책에서 고르고, 마음대로 충전물도 선택하며, 주인은 그저 컴퓨터를 이용해서 프린팅 해서 주는 방식이다. 정말이지 베이커리가 앞으로 어떻게 변할지는 아무도 모르겠지만, 그래도 옛날처럼 빵을 파는 빵집도 존재는 할 것이다.

1-2.
빵과 과학

왜 우리는 제과제빵을 어렵게 과학적으로 배워야 할까? 빵과 케이크를 우리가 흔히 먹는 밥과 반찬에 비교해 보면, 빵이나 밥 모두 밀가루나 쌀에 있는 전분이 익어서 먹을 수 있는 상태가 되는 것이다. 이러한 과정도 물로 인해서 전분이 팽윤되고 열에 의해서 전분이 호화되는 것과 같이 과학적으로 설명을 할 수 있다. 그러나 제과제빵이 밥이나 반찬에 비해서 더욱 과학적이어야 한다는 것은 재료의 사용 개념에서부터 차이가 난다.

이는 〈그림 1-3〉과 같이 아주 조금 사용하는 재료인 소금의 예에서도 볼 수 있다. 밥을 만들 때에는 소금이 필요 없지만, 반찬을 만들 때에 싱거우면 나중에라도 소금을 넣으면 된다. 단지 한 가지 맛을 위한 관능성이 있을 뿐이기 때문이다. 그러나 빵을 만들 때에 필수적인 주재료가 소금이고, 소금이 없다면 먹을 수 없는 맛이 되어 상품성이 없으며, 글루텐 강화나 발효 억제 같은 보조 기능도 없게 된다. 그래서 제과제빵에서는 소금을 생각할 때 주재료의 기능뿐만 아니라 부재료나 보조 재료로서의 기능도 생각해야 한다.

밥을 지을 때에 물의 양을 정확히 재어서 넣는 사람이 몇 명이나 있을까? 물이

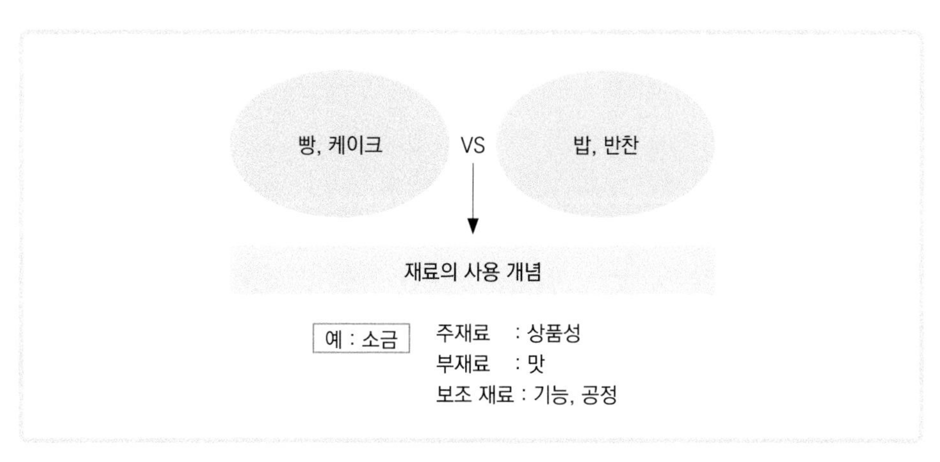

그림 1-3 | 제빵에서 소금의 기능

많고 적음에 따라 진밥이나 된밥이 되겠지만 사람들의 선호에 따라 먹을 수는 있다. 그러나 빵을 만들 때에 물이 많다면 제품이 찌그러져서 상품이 될 수 없으며, 물에는 발효를 도와주는 효소들의 작용이란 보조기능도 있으므로 물이 너무 적다면 좋은 빵을 만들 수 없다. 그래서 제과제빵은 다른 요리보다도 더욱 과학적인 접근이 필요하다. 조리 자격증을 따기 위해서 시험장에 가보면 양식이나 한식에서는 미리 재료들이 준비되어 있지만 제과제빵 시험장은 다르다. 스스로 모든 재료들을 저울에 달아 무게를 측정하고, 심지어 소금 같은 조그만 재료들도 일일이 따로 계량작업을 하며, 이 무게 또한 시험평가에 반영된다. 제빵에서는 모든 재료들이 서로 밀접한 관계가 있기 때문이다.

〈그림 1-4〉는 제빵과정 중에 일어나는 대표적인 화학 반응을 정리한 것이다. 아래 그림을 보면, 전 과정에서 일어나는 화학 반응에 따라서 물리적 변화도 함께 일어나는 것을 볼 수 있다. 과학은 예측 가능하고 재현성이 있다. 이는 제빵의 전반적인 과정에서 일어나는 것이다. 가장 많이 사용하는 밀가루의 단백질은 혼합과정을 통해서 글루텐을 형성하여 반죽이나 제품의 골격을 형성하는 중요한 역할을 하며, 이스트나 그 외의 팽창제들은 화학 반응을 통해서 탄산가스나 여러 산들을 만들어 내어 빵의 부드러움과 맛을 탄생시킨다. 또한 밀가루의 가장 많은 성분인 전분으로

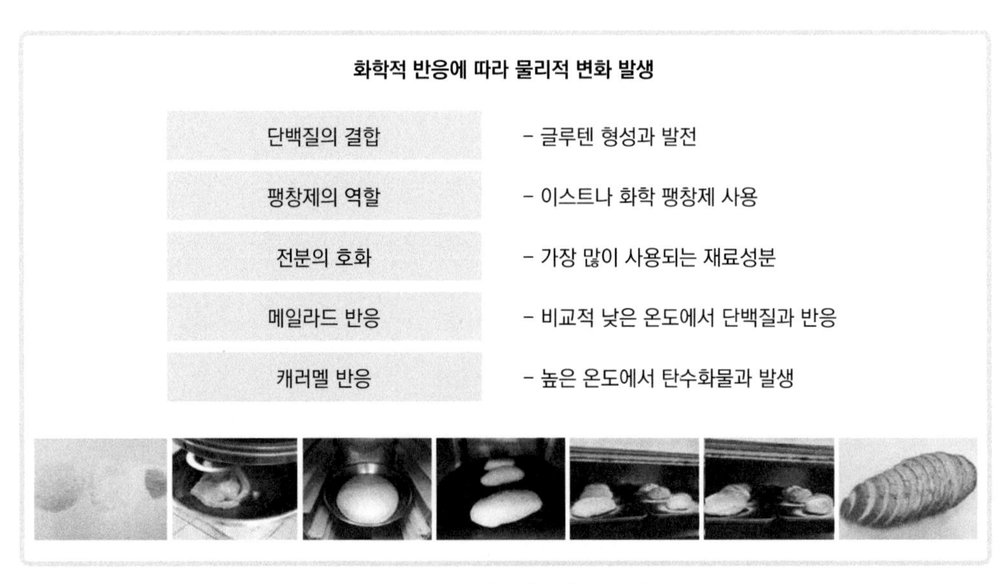

그림 1-4 | 제빵에서의 화학 반응

빵의 식감이 생기며, 오븐의 열에 의해서 단백질과의 메일라드 반응 또는 탄수화물과의 캐러멜 반응 등이 일어나 향뿐만 아니라 먹음직스러운 색감도 얻을 수 있다.

〈그림 1-5〉는 이스트를 사용한 반죽이 발효 동안에 만들어 내는 탄산가스의 양을 측정하기 위한 장치이다. 그림에서 보는 것처럼 제빵은 반죽이 발효되면서 탄산가스가 발생되는 것과 같이 많은 화학 반응들이 연속적으로 일어나는 과정이다. 따라서 제빵 작업실은 마치 화학 실험실과도 같으며, 과학적인 정확성과 서로 밀접한 복잡한 반응들이 있기 때문에 배합을 말할 때에 흔히들 사용하는 레시피(recipe)라기보다는 화학이나 물리처럼 공식(formula)이란 단어를 사용한다. 이러한 이유로 인해서 진정한 제빵사라면 흔히들 사용하는 셰프(chef) 대신에 제빵사(baker)라는 명칭을 사용해야 할 것이다.

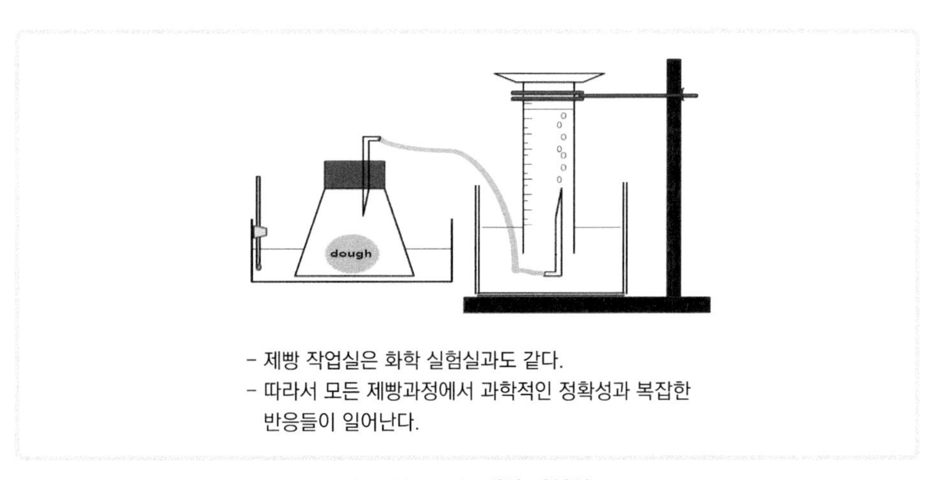

그림 1-5 **제빵 작업실**

1-3.
배합표 작성

베이커리에서 나오는 계산 문제들은 공식에 의해서 계산을 해야 하는 것도 있지만, 대부분의 문제들은 비율(ratio)과 그 비율값(proportion)을 구하는 비교적 간단한 계산의 응용이다. 비율은 a : b는 c : d와 같다는 것이고, 비율값이란 비율에 따라 얻어지는 값을 말한다. 기본적으로는 a×d는 b×c 값과 같다. 그렇지만 꼭 이렇게 대각선으로 곱해야만 되는 것은 아니고, 앞뒤 비율을 분자나 분모로 순서에 맞게만 설정해도 된다. 또한 퍼센트(%)란 실제로는 비율을 말해서, 30%라고 하면, 전체 100에 대해서 부분 값인 30이다.

〈그림 1-6〉의 예문 1번을 보면, 150g의 30%는 얼마인가 하는 문제이다. 이것을 비율로 표시해 보면, 구하고자 하는 무게 x : 전체 무게 150g은 30일 때 : 전체 100%와 같고, 이것을 비율값을 구하는 공식에 대입하면, x / 150 = 30 / 100이 되며, x값은 대각선으로 곱해 45g을 얻을 수 있다. 우리가 150g에 0.3을 곱하는 것이 다 이런 과정을 생략하는 것이다. 예문 2번 문제처럼 나라마다 계량 단위가 달라서 한눈에 비교해 보기가 어려울 때가 많다. 그래서 무게 환산을 위해서 이런 비율값을 구하게 되지만, 1파운드가 16온스이고, 이것이 453g이라는 점을 미리 알고 있어야 한다.

많은 요리책들을 보면, 이런 비율이나 무게 대신에 계량컵이나 간단히 몇 스푼 등으로 적어놓은 경우도 많이 있다. 우선, 이런 경우는 저울로 무게를 재는 것이 아니라 재료의 부피를 고려하는 것이기 때문에, 1컵이나 1스푼의 무게가 다르다. 대략적으로 환산하는 방법은 3티(tea)스푼이 1테이블(table)스푼이고, 4테이블 스푼이 1/4컵이니, 이것들을 참조하면 간단히 비율 문제로 해결된다. 한 가지 주의 사항은 엄격하게는 같은 한 컵이라도 재료에 따라서는 그 무게가 다르다는 것이며, 케이크 밀가루 1컵이 120g인 반면에 빵 밀가루는 130g이며, 설탕은 200g, 그리고 물이나 우유와 같은 액체 종류는 또 다르다.

제빵에서는 배합표를 작성한다든지, 재료 양을 잴 때 사용하는 제과제빵만의

$$\% = 비율$$

$$30\% = 30 / 100$$

$$\frac{부분값}{전체값} = \frac{\%}{100}$$

예 1) **무게 150g의 30%는?**

$$\frac{X}{150} = \frac{30}{150}, \quad X = \frac{150 \times 30}{100} \quad (X=45g)$$

예 2) **2 pound 8 ounces 밀가루를 g으로 환산하면 ?**
(1 pound = 16 ounces = 453g)

$$\frac{X}{2+(8/16)} = \frac{453}{1}, \quad X = \frac{2.5 \times 453}{1} \quad (X=1,132.5g)$$

3 teaspoons(tsp) = 1 tablespoons(tbsp), 4 tbsp = 1/4 cup
1 cup → cake flour 120g, bread flour 130g, sugar 200g, water 236g, milk 242g

그림 1-6 **비율과 비율값**

% 개념이 있다. 베이커스 %(B/P, b/p), 또는 flour basis(f.b.)라고 사용한다. 여기서 보통 약자로 표기할 때에는 단어 끝에 마침표를 사용하지만, 우리가 사용하는 재료 중에 베이킹파우더를 줄여서 쓸 때 b.p.로 사용하기 때문에 베이커스 %의 약자는 b/p라고 사용해야 한다. 우리가 실제로 알고 있는 %는 총합이 100이 되는 총 % 개념이다. 그러나 우리가 왜 이런 독특한 개념을 쓰는가 하면, 빵을 만들 때 가장 많이 들어가는 재료가 밀가루이기 때문이기도 하지만, 물이나 설탕 같은 기타 재료들도 환경에 맞게 고쳐서 공정을 진행해야 하는 경우가 많기 때문이다.

가령, 오늘 들어온 밀가루 특성이 물을 흡수하는 양이 많은 것이라면 우리는 물의 양을 더 넣어야만 하고, 단맛이 부족하다면 설탕을 첨가하게 된다. 그럴 경우, 우리가 알고 있는 % 개념이라면 전체 재료들의 %를 고쳐야 전체 합이 100이 될 것이다. 식빵 같은 경우 보통 8가지 재료들이 들어가니까 8번 계산해야 된다. 그러나 베이커스 % 개념에서는 밀가루를 항상 100으로 보고, 변화시켜야 할 물의 %만 고치고 나머지 재료들은 그대로 유지하므로 전체적인 계산은 한 번만 하면 된다. 단, 제빵과정에서는 발효나 수분의 손실 등으로 인해서 제품의 무게가 부족하게 될지도 모르는 상황이 발생할 수 있으므로 가장 많은 양을 사용하는 밀가루에만 적용되는 특수한 반올림 법칙이 있다. 계산된 밀가루의 양 중 맨 끝의 정수를 항상 5, 0 단위로 올려주는 것이다. 예를 들어 밀가루의 무게가 964g이라면 965g, 그리고 966g이라면 970g으로 계산을 마치며, 따라서 전체의 무게 합도 달라지게 된다. 실제로 제빵에서 사용하는 배합표는 거의 대부분 이러한 베이커스 %로 되어 있으므로, 다음 문제를 풀어보고 이해를 한다면, 베이커스 퍼센트의 개념을 이해하는 데 도움이 되리라 본다. 처음에 제시된 표가 원 문제이며, 풀이 과정과 정답 표를 이어서 제시한다.

문제 **다음의 배합표를 이용하여 직접반죽법으로 300g짜리 바게트 20개를 만들려고 한다. 필요한 재료의 목록 및 양을 계산하시오.(단, 제빵손실은 10%이다.)**

재료	B/P(%)	무게(g)
	57	
	4	
	2	
합계		

풀이 및 정답 문제가 다소 황당하게 보이겠지만 밀가루가 100이라는 베이커스 %를 이해하고, 각 제품마다 필요한 재료의 종류와 양은 거의 정해져 있기 때문에 이런 문제가 가능하다. 실제로 문제를 풀기 위해서는 아래의 풀이 과정을 따라 하나씩 풀어나가면 된다.

1. 바게트 배합에 필요한 재료를 생각한다.
2. 제빵에서 소금 2% 이상은 짠맛으로 인해 상품성이 없다.
3. 반죽 무게 손실(10%)을 반영한다.
4. 총 B/P : 100 = 재료 % : 필요한 반죽무게
5. 밀가루 반올림 법칙을 적용한다.
6. 기타 재료들은 소수점 첫째자리에서 반올림하여 정수로 표시한다.

재료	B/P(%)	무게(g)
강력밀가루	100	4,050
물	57	2,308
생이스트	4	162
소금	2	81
합계	163	6,601

바게트는 밀가루, 물, 이스트, 소금 등 제빵의 필수적인 재료로 만들어지는 제품이며, 답을 작성할 때에는 제품에 맞는 재료의 명칭으로서 강력 밀가루라고 적어야 한다. 마찬가지로 이스트도 종류에 따라 기능과 그에 따른 사용량이 다르기 때문에 생이스트라 써야 한다. 그리고 소금은 2% 이상이면 짠맛 때문에 상품가치가 떨어지기 때문에 4%의 재료 명칭으로는 소금이 될 수 없다. 그러면 재료 부분의 빈칸들은 다 해결이 될 것이다. 베이커스 %의 밀가루가 100이란 것을 바탕으로 총 베이커스 %도 모두 합해서 구하면 163이 된다. 제품의 총무게가 6,000g이지만, 실제로 제빵 과정에서의 손실이 10%가 있으므로 필요한 반죽 무게는 1.1배(110%)가 되어 반죽 총무게는 6,600g이 될 것이다. 우선은 가볍게 적되, 이게 최후의 마지막 정답은 아니다. 필요한 재료들의 무게는 비율 문제이므로 쉽게 풀면 되나, 빵 배합에서 가장 많이 사용하는 밀가루는 밀가루만의 반올림 법칙을 적용해야 한다. 밀가루를 실제로 계산하면 4,049g이 되지만, 정답은 4,050g이 되며, 만일에 계산에서 4,052g이 나오면 4,055g이 정답이 된다. 마지막으로 총 반죽의 무게도 반올림한 밀가루 무게를 반영하여, 정답은 6,601g이 된다. 빵 반죽을 만드는 방법에는 여러 방법들이 있으나 밀가루의 양을 100으로 보는 베이커스 %의 정의를 잘 이해한다면 그다지 어려운 점은 없으며, 이에 대한 설명은 나중에 반죽법을 설명할 때에 다시 간략하게 설명할 것이다.

1-4. 제빵과정

| 그림 1-7 | **제빵공정의 개념**

제빵과정의 전체적인 개념은 〈그림 1-7〉에 나타난 것과 같다. 우선, 제빵이나 제과 모두 제품에 필요한 모든 재료들을 혼합해서 반죽을 만들어 오븐에서 굽는 기본적인(basic) 과정을 거치게 된다. 그러나 이렇게만 해서는 좋은 품질의 빵 제품을 만들 수 없기 때문에 제빵에서 최소한도의 품질을 유지하려면 이스트로 인한 발효가 주(main) 공정으로 반드시 필요하다. 반죽을 하고부터 구울 때의 오븐 열에 의해 살아있는 이스트가 죽을 때까지는 그 사이에 있는 어떤 다른 공정이라 할지라도 발효는 계속 진행이 되므로 제빵의 주 공정이라 하면, 반죽, 발효, 굽기를 말한다. 제빵공정은 하나하나의 여러 과정들이 연속적으로 일어나는 공정이어서 한 과정을 건너뛰고 다음 단계로 바로 넘어갈 수는 없다. 물론, 냉동빵인 경우에는 1차 발효를 건너뛰고, 바로 정형 과정에 들어갈 수도 있겠지만, 이는 긴 냉동 저장에서도 발효는 진행되고, 해빙 시에도 일어나는 발효가 있기 때문에 가능한 것이다.

전체적인(full) 제빵공정은 반죽에서 시작하여, 1차 발효, 정형, 2차 발효, 굽기, 냉각, 포장까지를 말한다. 또, 이러한 각 과정의 단계들은 각각의 목표가 있으며,

글루텐을 만들어 내는 반죽, 이스트에 의해서 생화학적인 반응을 나타내는 1차 발효, 한 덩어리의 반죽을 제품에 맞는 크기와 모양을 만들어 내는 정형 과정, 반죽온도와 오븐온도와의 차이를 줄이기 위한 2차 발효, 먹을 수 있도록 만드는 굽기, 그리고 포장을 위한 냉각 과정 등이 있다. 그리고 이런 과정들 중에서 몇 가지는 하위 과정(sub steps)으로 반죽에서는 재료의 혼합과 글루텐 발전과정이 있고, 정형 과정에서는 제품의 무게에 맞게 분할하고, 둥그렇게 말아서 중간 발효를 거치고 난 후 밀어서 가스빼기를 하고 제품의 모양을 만들어서 팬에 놓는 과정으로 나누어 볼 수 있으며, 굽기에서는 굽는 것뿐만 아니라 반죽 속에 있는 수분이 증발하는 과정도 있다. 이런 과정들은 하나하나 과정에 맞는 목적이 완성된 후에야 연속적으로 다음 단계로 진행할 수 있기 때문에, 제빵을 처음 접하는 사람에게는 매우 어려울 수도 있다.

또한 만들기만 하면 되는 것이 아니라 잘못된 결과를 고치고, 또 이런 결과를 미리 예측할 수 있는 능력을 기르는 것도 중요하다. 결론적으로 좋은 재료를 사용하고 올바른 공정을 지킨다면 좋은 제품을 만들 수 있게 된다. 그러나 모든 과정들에서 어떤 특정한 부분들을 주의 깊게 생각한다면 좋은 제품을 만들 수 있는 쉬운 길이기도 하다. 〈그림 1-8〉에서는 좋은 빵 제품을 생산하기 위해서 중요하다고 생각되는 2가지씩만을 나타냈지만, 예를 들어, 정형 과정 같은 공정에서 온도나 시간이 중요하지 않다는 것은 아니고, 이런 것들은 숙련도에 따라서 커버될 수 있는 문제이기 때문에 그림에서는 습도와 숙련을 표시한 것이다.

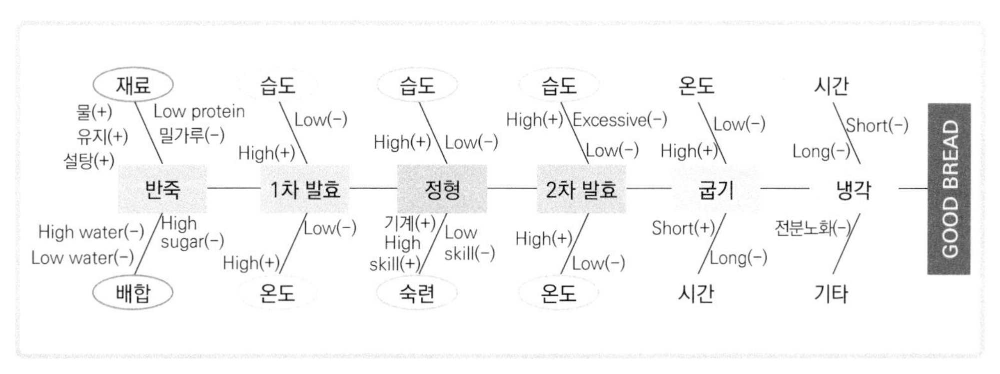

| 그림 1-8 | **제빵공정 분석**

먼저, 반죽에서는 재료와 배합을 생각해야 한다. 집어넣을 수 있는 한계는 있겠지만, 물이나 유지, 설탕 등은 많이 들어갈수록 촉촉하고 부드러운 제품 생산에 도움(+)이 되며, 단백질이 낮은 밀가루는 마이너스 효과가 난다. 그러나 배합에서 물이 너무 많거나 적으면 마이너스 효과가 있고, 설탕은 6% 정도까지는 발효에 도움을 주겠지만 너무 많으면 삼투압으로 인해서 이스트 발효에 지장을 준다. 그래서 설탕이 많이 들어가는 단과자빵 같은 경우에는 식빵에 비해 이스트를 더 넣는다.

그다음 단계인 1차 발효부터 굽기 전까지는 습도와 온도가 매우 중요하다. 이스트 발효는 화학적인 반응이고, 이에 따라 반죽의 팽창과 같은 물리적 변화가 수반된다. 따라서 대부분의 경우 반죽이 건조되지 않을 정도의 습도와 화학 반응이 활발하게 일어날 정도의 높은 온도가 좋다. 정형 과정에서 있는 숙련은 사람이 작업하는 경우에 해당되는 것으로 만일에 기계를 사용한다면, 그만큼 속도가 빨라서 온도나 습도에 신경 쓸 필요는 없다.

2차 발효도 1차 발효의 경우와 같으며, 2차 발효 시간을 줄이고자 하여 발효실의 온도와 습도를 높이는 경우가 많지만 이때에도 과도한 습도를 피해야 한다. 굽기에서는 온도가 높으면 그만큼 빨리 구워져서 수분 손실이 적어지므로 플러스 효과를 얻을 수 있고, 시간도 짧을수록 좋다. 그래서 국내에서는 대부분 오븐의 온도를 180−200℃로 하여 식빵을 굽지만, 외국의 대량 생산 업체들에서는 식빵을 구울 때에 220−230℃의 높은 온도에서 굽는 경우가 많다.

냉각 과정은 마지막의 포장을 위해서 반드시 필요한 과정이며, 충분한 시간을 두고 식혀야만 한다. 그러나 냉각 시간이 너무 길면 수분의 손실로 인해서 제품이 건조해지고, 짧은 경우에도 제품의 변질을 초래하게 되므로 냉각 시간은 적절해야 한다. 보통은 실내(24℃)에서 1시간 정도 방치하면 충분하다.

마지막으로는 탄수화물의 재료에 열을 가해서 만든 빵이나 떡과 같은 제품들은 보관 기간 동안에 화학 반응인 전분의 노화가 일어나서 제품이 자연적으로 단단해진다. 따라서 포장해서 보관한 떡이나 빵이 저장 기간 동안에 발생하는 수분 손실을 무시하더라도 단단해지는 것이다. 수분의 손실을 방지할 수 있는 포장지를 선택하고 전분의 노화를 방지할 수 있는 재료를 사용하거나 공정 및 제품의 보관 방법 등에도 신경을 써야 한다.

1-5.
베이커리 경영

베이커리 사업은 제품을 만들어 내는 생산에서부터 제품을 최종적으로 소비하는 구매자에 이르기까지 관련지어 생각해야 하는 매우 특수한 사업이라 할 수 있다. 물론, 제품이 있어야 판매가 가능하다는 관점에서 본다면 베이커리의 생산 관리가 중요하겠지만, 베이커리의 지속적인 성장을 목표로 한다면, 베이커리에서 판매하는 제품의 종류를 다양화하고, 시대에 따른 소비자의 요구나 경향을 제품에 반영해야 한다.

또한 최근 소비자들은 제품이 어떤 재료로 만들었으며, 어떤 점이 건강에 좋은지를 알고자 하는 성향이 강하기 때문에 주인이나 생산 직원뿐만 아니라 판매하는 사원들도 제품에 대한 지식이 있어야 한다. 이와 같은 이유로 많은 제과점들에서는 실제로 제품 한 가지씩을 선택하여 시식 등을 통해서 직원들을 가르치고 있다. 따라서 〈그림 1-9〉와 같이 베이커리는 실선과 같은 회사의 직접적인 상하 관계뿐만 아니라 점선으로 표시된 간접적인 관계의 경우도 존재해야만 한다. 왜냐하면 소비자들이 쉽게 먼저 만날 수 있는 사람이 어쩌면 제품에 대해서 아무런 지식도 없는 판매 직원일 수 있기 때문이다.

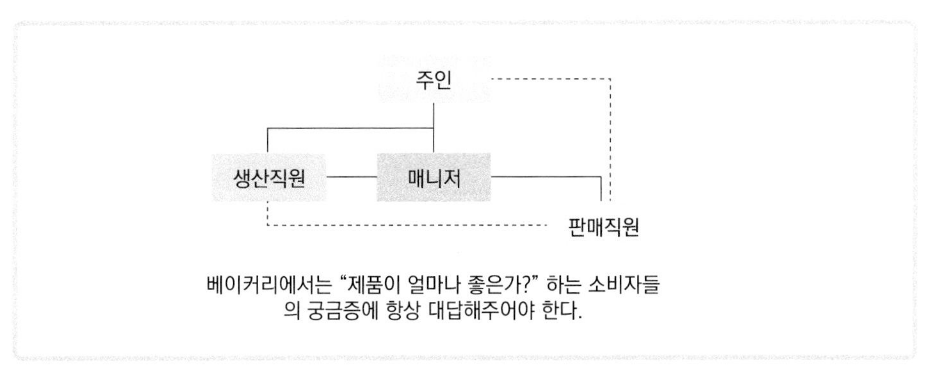

그림 1-9 | **베이커리 조직도**

베이커리의 경영은 업소의 크기나 소비자의 구매 경향에 따라 다르게 이루어져야 하기 때문에 모든 업소에서 한 가지의 경영 이론만이 적용되지는 않는다. 다시 말하면, 제품을 생산해서 판매한다는 목적뿐만 아니라 베이커리의 지속적인 발전 가능성을 모색해야만 한다. 이러한 베이커리 경영을 잘 이해하기 위해서 국내의 제과점들과 소비자들을 상대로 조사한 결과는 매우 유익한 정보가 될 수 있다. 조사는 2014년에 소비자 452명과 업주 48명을 대상으로 대면 방식으로 실행하였으며, 지역은 서울, 부산, 대전, 광주 등의 4개 대도시와 영남권에서 경주, 대구, 김천, 충청권에서 천안과 제천, 호남권에서 전주와 군산, 강원권에서 춘천과 강릉을 중소 도시로 구분하였다. 〈그림 1-10〉에 나타난 결과를 간단히 정리하면 다음과 같다. 전국의 소비자가 주로 이용하는 제과점의 형태는 프랜차이즈가 56.0%로 가장 많았고, 자영제과점을 이용하는 응답자는 39.6%이었으며, 인스토어 베이커리나 카페를 이용하는 소수의 응답자도 있었다. 도시규모에 따라서 소비자의 방문형태는 다른 것으로 나타났는데, 전체 응답자 중 중소도시의 자영제과점 이용률은 18.4%로 가장 낮았다. 그러나 대도시에서는 21.2%로 나타나서 중소도시에 비해 자영제과점 이용률이 비교적 높은 것으로 나타났다. 대도시의 경우 중소도시에 비해 경쟁력이 있는 자영제과점이 많다고 볼 수 있다. 또한 부산과 대전 지역에서는 자영제과점을 이용한다는 응답률이 50% 이상으로 높게 나타나서 두 도시에서는 자영제과점이 비교적 활성화되어 있다고 볼 수 있다. 전국 평균에 비해서 자영제과점의 이용률이 현저히 떨어지는 충청권에서는 자영제과점이 매우 어려운 상태라 생각되며, 서울과 강원권이 전국 평균 이하의 자영제과점 이용률을 나타내어 이들 지역 또한 자영제과점의 어려움이 예상되었다. 결국, 국내의 빵 소비자들은 개인 베이커리보다는 프랜차이즈를 방문하는 편이지만 업주의 능력이나 지역에 따라서는 개인 베이커리가 활성화되어 있기도 한다.

도시규모		자영제과점	프랜차이즈	인스토어	기타
전체	빈 도	179	253	10	10
	백분율	39.6	56.0	2.2	2.2
대도시	빈 도	96	117	4	8
	백분율	21.2	25.9	0.9	1.8
중소도시	빈 도	83	136	6	2
	백분율	18.4	30.1	1.3	0.4

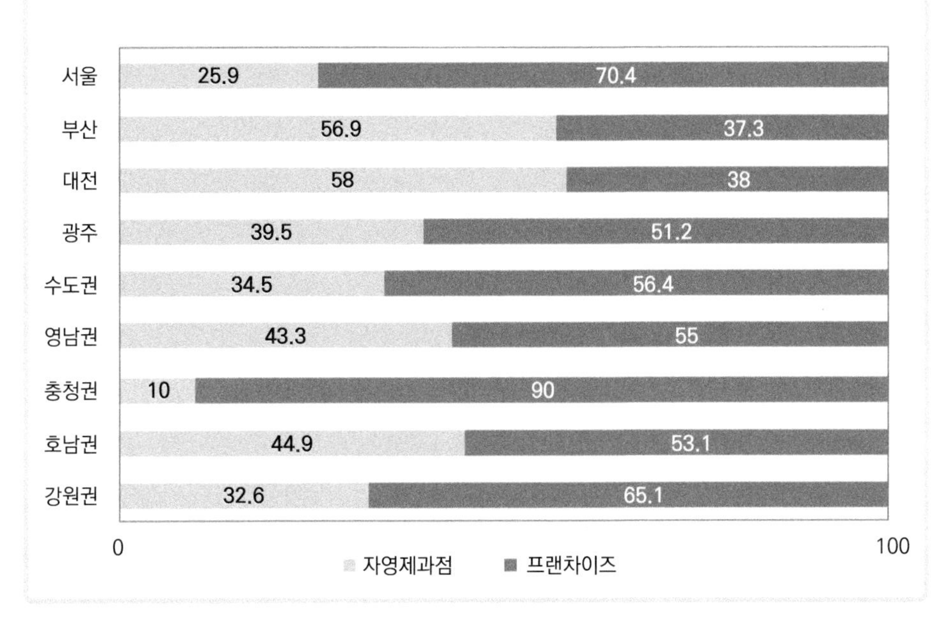

그림 1-10 **국내 베이커리 이용 현황**

표 1-1 국내 소비자의 실태

조사영역	설문내용	결과(백분율)
제과점 방문	선택요인*	맛(81.4), 위생(6.0), 브랜드(5.3), 가격(4.2), 서비스(0.9)
	방문주기*	주 1회(34.3), 주 2회(25.4), 월 1회(21.0), 주 3회(11.5), 주 4회(7.5)
	구매비용	5천원-1만원(50.9), 1-2만원(31.0), 3-5천원(12.4)
	이용목적	간식(77.7), 식사(16.8), 선물(2.9), 기념일(2.6)
	구매품목*	단과자빵(47.8), 건강빵(20.8), 식빵(20.4), 케이크(6.9), 초콜릿/쿠키(4.0)
	구매결정	자신(82.5), 가족/친구(9.5), 직원(4.4), 홍보물(3.1)
	애로사항	재료(51.5), 제품명(15.0), 가격(12.2)
	충동구매	가끔(64.8), 자주(17.3), 없다(14.4), 항상(3.5)

일반사항	건강제품	첨가물(38.5), 저지방/저당(24.1), 유기농(22.1), 영양(14.6)
	건강소재	우리 농산물(34.3), 유기농(28.8), 천연(18.1), 기능성(15.7), 컬러푸드(1.8)
	가격비교	비싸다(51.5), 적당하다(44.9), 싸다(2.4)
자영 제과점	선입관*	규모(26.8), 다양성(18.6), 비싸다(18.1), 싸다(16.4), 서비스와 위생(2.4)
	방문이유*	맛(41.8), 거리(18.8), 신선도(17.9), 가격(10.4), 다양성(5.1), 친절(3.3)
	경쟁업소	3개(35.0), 2개(33.6), 4개 이상(18.4), 1개(12.6)
	경쟁상대	프랜차이즈(77.4), 인스토어(11.3), 자영(10.0)

* 프랜차이즈와 자영제과점의 교차분석 결과 순위변동이 있는 내용

〈표 1-1〉은 국내의 소비자들이 제과점을 방문하는 이유나 구매 형태를 분석한 결과이다. 일반적으로 소비자가 제과점을 선택할 때 가장 중요한 요인으로 여기는 항목으로는 81.4%의 소비자가 맛을 들었으며, 위생(6.0%), 브랜드(5.3%), 가격(4.2%) 순으로 나타났다. 제과점 방문주기는 주 1회가 34.3%로 나타났고, 79%의 소비자가 적어도 일주일에 한 번은 제과점을 이용하며, 1회 방문 시 평균 구매는 5천원-1만원이 50.9%로 가장 많은 것으로 나타났다. 제과점 이용목적으로는 간식(77.7%)과 식사 대용(16.8%) 목적이 주를 이루었다. 구매품목으로는 종류가 다양한 단과자빵류가 47.8%로 가장 높게 나타났으며, 식빵(20.4%)보다 건강빵(20.8%)이 다소 높게 나타나서 소비자가 건강 제품을 식사 대용으로 여기는 것을 알 수 있다. 기타 케이크류가 6.9%로 나타났으며, 초콜릿이나 쿠키(4.0%)를 구매하는 경우도 있었다. 소비자들은 자신의 결정에 의해서 구매하는 경우가 82.5%로 가장 높게 나타났으며, 가족이나 친구의 권유(9.5%), 직원의 권유(4.4%), 그리고 제과점에 게시된 홍보물(3.1%)을 보고 구매하는 경우도 있었다. 그러나 소비자가 스스로 결정하기에는 어려운 사항이 많이 있었다는 것을 알 수 있으며, 구매 시 애로사항으로는 사용하는 재료가 무엇인지 모른다고 응답한 경우가 51.5%로 나타났다. 또한 제품명(15.0%)이나 가격(12.2%)을 모른다고 응답한 소비자도 상당히 많았는데, 이는 대다수의 제과점에서 원산지뿐만 아니라 제품 표기법을 제대로 지키지 않는 것으로 여겨진다. 기타의 응답으로는 대부분 맛을 몰라서 구매를 결정하는 데에 어려움이 있다고 대답

하여 제과점들이 소비자에게 충분한 시식 기회를 제공하지 않는 것으로 생각된다. 구매 시 어려움이 있을지라도 충동구매를 하지 않는다는 경우가 14.4%로 나타나서 소비자들은 제과점 방문 시 충동구매를 하는 경우가 많았다.

분석결과에서도 나타나듯이 건강빵은 단과자빵에 이어 높은 구매품목으로 나타났으며, 사회의 흐름에 맞추어 건강에 관한 소비자의 생각을 알아보았다. 소비자들은 건강 제품이란 첨가물이 들어 있지 않은 것을 38.5%로 가장 높게 평가하였으며, 저지방이나 저당(24.1%), 유기농(22.1%), 영양(14.6%) 순으로 생각하고 있다. 이들이 제과점에 바라는 건강 식재료는 우리 농산물이 34.3%로 가장 많았으며, 유기농 재료(28.8%), 천연 재료(18.1), 기능성 재료(15.7%), 컬러푸드 식품(1.8%)도 있었다. 따라서 제조에 어려움이 있을지라도 우리 농산물을 이용한 제품의 개발이 활발히 이루어져야 할 것으로 보인다. 또한 다른 먹거리와 비교해서 제과점에서의 가격이 비싸다고 응답한 경우가 51.5%로 나타나서, 전반적으로 제품의 가격을 다시 고려해 보아야 할 것으로 조사되었다.

일반적으로 소비자들이 생각하는 자영제과점은 규모(26.8%)가 작고, 제품의 다양성(18.6%)이 떨어지며, 가격이 비싸다(18.1%)고 조사되었다. 그러나 가격이 싸다고 응답한 비율도 16.4%를 나타내어 가격은 지역이나 경쟁업소의 형태에 따라 달라짐을 알 수 있다. 서비스나 위생이 부족하다고 응답한 경우가 2.4%로 나타나서 예전에 비해 현재의 자영제과점들은 이러한 항목을 많이 개선하고 있는 것으로 생각되었다. 소비자가 그들이 이용하는 특정 자영제과점을 방문하게 되는 이유로는 맛 때문이라는 경우가 41.8%로 가장 많았으나 일반적인 제과점 방문 목적에서보다는 상당히 낮아서 맛 이외의 항목도 상당히 중요하며, 이러한 항목으로는 거리(18.8%), 신선도(17.9%), 가격(10.4%), 다양성(5.1%), 그리고 친절(3.3%) 등이 있었다. 500m 반경 내에 있는 경쟁업소의 수는 3개(35.0%)나 2개(33.6%)로 나타났고, 전국 평균은 2.59±0.04개 업소였으며, 자영제과점의 경쟁상대로는 대부분 프랜차이즈(77.4%)였다.

제과점 평가는 업소의 형태나 고객이 주로 방문하는 성향에 따라 다르게 나타나며, 소비자나 업주의 관점이 다르게 나타나기도 한다. 그러나 이러한 사항들을 종합적으로 비교해 보면 경쟁력을 위해서 무엇이 필요한지를 알 수 있는 기초 자료가 된다. 〈그림 1-11〉을 보면, 대부분의 평가 항목들은 중요한 것으로 여겨지고 있으나 맛과 가격을 제외하고는 소비자와 업주의 결과는 다르게 나타났다. 전반적으로는 업주의 결과가 높게 나타났지만 이것은 직업관에서 비롯되었다고 생각된다. 제품의 맛은 중요도와 만족도가 모두 높게 나타나서 대체로 자영제과점의 경쟁력은 충분한 것으로 생각되었으나 가격에 대한 만족도는 낮게 나타나서 가격 경쟁력을 충분히 고려해야 할 것으로 조사되었다. 업주가 중요하게 생각하는 서비스에 대한 소비자의 만족도는 평균 이상을 보여 자영제과점의 고객에 대한 서비스는 대체로 무난한 것으로 보였다. 제품에 대한 정보제공은 소비자가 구매 시 큰 애로사항으로 지적하였으며, 이 항목에 대한 만족도를 높일 방안이 필요한 것으로 생각된다.

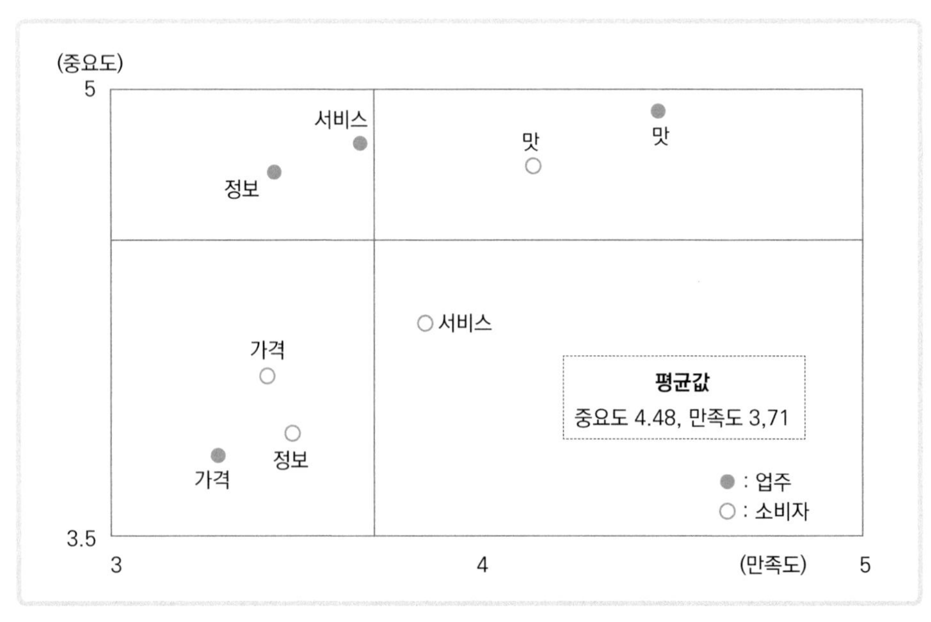

그림 1-11 **제과점 평가의 중요도와 만족도**

표 1-2 국내 베이커리 평가항목의 순위*

소비자		순위	업주	
맛	4.73±0.03	1	맛	4.92±0.04
위생	4.70±0.03	2	서비스	4.81±0.07
서비스	4.21±0.04	3	위생	4.79±0.09
가격	4.03±0.04	4	소통	4.71±0.08
배려	4.01±0.05	5	배려	4.63±0.09
건강	3.99±0.05	6	건강	4.27±0.13
소통	3.84±0.05	7	입지	4.21±0.13

입지	3.83±0.05	8	가격	3.77±0.15

* 5점 척도(5점: 매우 중요함, 3점: 보통, 1점: 전혀 중요하지 않음)
Cronbach's alpha: 소비자= .765, 업주= .697

제과점을 평가할 수 있는 항목은 많이 있지만, 〈표 1-2〉는 8가지 항목들만을 선택하여 소비자 452명과 업주 48명을 대상으로 제주 지역을 제외하고 전국적으로 조사한 결과이다. 항목 중에서 '배려'는 제품이 잘못되었거나 소비자들의 불만을 해소하는 것을 말한다. 제과점을 평가하는 중요한 항목 3가지는 맛, 위생, 서비스로 나타나서 제품의 맛과 품질이 좋고 위생적인 환경에서 판매하는 서비스가 좋다면 좋은 빵집이 될 것이다. 따라서 가장 기본적인 것이 역시 가장 중요하다고 여겨진다. 또한 소비자는 가격을 중요시하여 4순위로 여기지만, 업주들은 제품을 잘만 만들면 되지 않을까 해서 가격 항목이 가장 낮게 나타났다. 소비자들의 소통에 대한 평가가 낮은 것은, 이제는 정보를 쉽게 접할 수 있는 있는 기회가 많아져서 웬만한 경우에는 업주들만큼 소비자들도 알고 있기 때문이다. 마지막으로는, 지금까지는 점포의 입지가 중요하다고 생각하여 상권이 좋은 장소에 비싼 임대료를 지불하며 입지를 선정하였지만 이제는 꼭 그렇지는 않다. 그래서 소비자들은 주차하기도 불편한 골목에 있는 상점들도 줄을 서서 이용하는 것이고, 입지가 좋으면 당연히 매출도 증가할 것은 엄연한 사실이나 그만큼 임대료 등의 지출이 많아지게 되니, 베이커리의 입지 선정은 전적으로 자본력이나 생산자의 기술력에 따라 신중하게 선택해야 한다.

최근에 충무에서 유명한 꿀빵을 사 먹은 적이 있었다. 주차하기도 어려웠고, 점포 내에 들어가 보니, 이제까지 중요하다고 여겼던 위생이나 서비스는 형편없었다. 그저 충무에서 유명하다니까 한번 먹어 본 것일 뿐으로 재방문 의사는 전혀 들지 않는다. 베이커리가 처음 오픈할 당시에는 신규 고객들이 중요하겠지만, 베이커리의 끊임없는 발전을 위해서는 재방문을 하는 충성 고객을 확보하는 것이 무엇보다도 우선이다. 이런 충성 고객들이 어떤 상황에서도 방문하기를 주저하지 않는 고정 고객으로 발전할 수 있어야 한다.

1-6.
가루 여행

제빵에서 가장 중요한 재료는 밀가루이다. 물론, 다른 재료들도 각각의 기능이 서로 완벽하게 이루어졌을 때에야 비로소 좋은 빵이 만들어지지만 대개는 빵의 맛이나 제빵과정에서의 기능을 보완하기 위한 재료들이라 볼 수도 있다. 빵을 먹기 위해서는 일단 씹어야 하는데 이러한 식감은 밀가루를 통해서만 얻을 수 있다. 따라서 제빵의 모든 과정에서 밀가루의 발자취를 더듬어 보는 것도 제빵과정을 이해하는 데 도움이 되리라 생각한다.

사람들은 나를 밀가루라고 부른다. 하지만 단지 성만을 불러주는 것에 항상 섭섭함을 가지고 있는 터이다. 자! 그럼 내 이름과 가족소개를 해보고 다른 친구들과의 긴 여행을 떠나볼까 한다. 나의 이름은 강력이다. 사람들은 나를 미국식으로 부르기를 좋아해서 강력 밀가루라고 부른다. 밀알은 내가 태어난 후로는 존재하지 않는 물질이 되고 마는 부모와 같은 존재이다. 다시 말해서 나는 밀알의 몸을 빌려서 태어나는 새로운 물질인 것이다. 하지만 밀알도 옛날 옛적에는 그 몸 그대로 내가 앞으로 겪어야 할 기나긴 여행을 겪기도 했다고 한다.

나는 밀알의 껍질을 벗기고 종자 번식을 위한 배아 부분을 제거한 채 여러 제분과정을 거쳐서 태어난다. 내 형제들인 중력이나 박력들도 마찬가지이다. 하지만 밀가루 형제들은 단백질 함유에 따라서 제각기 성질들이 달라서 강인한 나와 매우 부드러운 성격의 박력은 전혀 다른 여행을 하게 된다. 물론 중력도 자기만의 여행을 떠나게는 되지만... 어쨌든 우리 밀가루 형제들은 제과제빵이라는 테두리 안에서 제 나름대로의 여행을 준비하게 된다.

오늘은 사람들이 식빵을 만든다고 한다.

여덟 명의 모르는 친구들이 탁자 위에 올려진 후 저울에 올라가서 각자의 무게를 달게 되었다. 내가 100그램으로 제일 많이 나가고 두 번째로는 물이 60그램으로 측정되었다. 그 외 여섯 명의 친구들은 매우 적은 무게를 보였기 때문에 이번 여행의 중요한 책임은 나와 물에게 있는 것 같았다.

무게를 단 후 커다란 반죽기 앞에 모여 통에 들어가기 전까지 약간의 시간이 생겼다. 이 짧은 동안에 앞으로의 여행에 대한 궁금증이 모두를 엄습하기 시작하자 각자가 알고 있는 여행 지식을 늘어놓기 시작하여 많은 예비지식을 얻을 수 있었다.

이스트의 체구가 비록 4그램뿐이 안 되지만 이스트에서 나오는 탄산가스가 없으면 빵은 부풀어 오르지 못하게 되며 빵의 독특한 향기도 거의 이 친구가 만들어 낸다는 것을 알게 되었다. 또한 이스트란 친구도 실제는 생이스트라고 불리고 형제가 있으며 그들의 이름은 활성건조이스트와 인스턴트이스트라고 한다. 생이스트에 비해 활성건조이스트는 두 배로 힘이 세고 인스턴트이스트는 세 배의 강인한 힘을 가지고 있다고 한다.

생이스트와 힘을 합쳐야 좋은 결과를 얻는 친한 친구들로는 8그램의 설탕과 아주 적은 무게의 이스트푸드가 있었다. 그중에서도 이스트푸드는 생이스트가 운동을 하는 데에 아주 적극적인 협조자이며, 설탕은 자기 몸을 분해하여 포도당이라고 하는 물질로서 이스트가 탄산가스를 만드는 데에 도움을 주고 있었다.

2그램의 아주 적은 무게의 소금 또한 '작은 고추가 맵다'는 속담을 잘 나타내 주는 것 같았다. 소금이 없으면 아무 맛도 느낄 수 없어 결국에는 식빵이 버려져야 하며, 이스트는 사사로이 다투게 되어 항상 거리를 두고 있었다. 그래서 사람들도 후염법이라 하여 소금을 늦게 투입하여 이스트와 소금이 서로 싸우게 되는 것을 막기도 하였다.

3그램과 2그램의 무게를 갖고 있는 유지와 분유도 나름대로 자랑을 하였으나 식빵을 좀 더 맛있게 만든다는 것 외에는 특별히 신경 쓸 일은 없는 것 같았다.

모든 친구들과 함께 나는 반죽기로 들어갔다. 천천히 돌아가는 반죽기 속에서 서로 뒹굴며 섞이기 시작했으나 곧 물이 우리를 정신없게 만들더니 10분 후에는 멈추기 시작했다. 이제 내 몸은 형태를 알아볼 수 없게 되었으며 어느덧 새로운 글루텐이란 친구가 생겼다는 것을 알게 되었다.

반죽 통에서 꺼내어진 우리는 매우 따뜻하고 습기가 축축한 발효실이라 불리는 방으로 옮겨져서 60분을 그곳에서 지내게 되었다. 발효실을 나올 때쯤 우리는 무척

놀라게 되었다. 그동안 우리의 몸은 세 배로 부풀어 있었으며 탄산가스가 많이 발생하여 여기저기에 기포가 생겼고 아름다운 향을 내뿜게 되었다.

탁자 위에 올려진 우리는 스크래퍼에 의해서 여러 조각으로 나누어졌으며 사람들은 곧 잘려진 우리 몸을 동그랗게 감싸주었다. 15분의 중간 발효 시간에 우리는 충분한 휴식을 취할 수 있었다.

이제 우리의 여행도 절반이 지나갔다. 하나의 식빵이 되기 위해서 우리는 두려움을 갖고 또 여행을 하기 시작했다. 너무나도 변해버린, 또 앞으로 변화될 우리를 생각하면서 다시 탁자 위에 가만히 누워있었다.

밀대가 우리를 누르면서 밀어 폈다. 그동안 휴식을 취하기 전까지는 외부의 물리적인 힘에 우리는 힘을 합쳐 매우 강한 반발을 보여 왔었다. 그러나 신기하게도 중간 휴식 시간을 거치는 동안에 우리의 근육은 풀어져 있었으며 밀대가 미는 대로 늘어나게 되었다. 단지 곳곳에서 기포가 터져 바람이 빠지는 소리가 들릴 뿐이었다.

마침내 우리의 몸은 알맞게 접혀져 빵 틀에 들어가기 시작했다. 사람들은 성형과정에서 접힌 부분이 밑바닥을 보게끔 주의 깊게 우리를 틀에 집어넣었는데 우리는 사람들의 세밀함에 다시 한번 놀랐다. 그냥 넣어도 되지 않을까?

하나의 식빵을 만들기 위해서 저토록 많은 주의를 기울이는 것을 보니 새삼스럽게 사람에게 고마운 마음을 느끼게 되었다. 보잘것없는 밀가루에서 먹음직스러운 빵이 된다니 말이다.

이제 우리가 마음대로 움직일 수 없는 틀에 있는 것을 보면 사람들은 더 이상 우리 몸을 직접 만지지는 않게 될 것이다.

무척 덥고 습한 방이었다. 계기는 35℃ 이상의 온도와 85% 이상의 습도를 보여주었다. 한 시간 동안 틀 속에서 우리는 움직일 수 있는 방향으로만 나아갈 수 있었다. 오직 위로만 말이다. 하지만 아직도 우리의 내부에서는 많은 변화가 일어나고 있었다. 무엇이 좋은지 이스트는 아직도 열심히 운동을 하고 있었으며, 설탕도 계속 분해되고 있었다.

발효실에서 꺼내어진 우리는 곧바로 200℃나 되는 오븐으로 들어가게 되었다. 오븐에 들어가자마자 이스트의 처절한 몸부림이 애처로워 보였다. 그러나 이스트는

5분 동안의 짧은 몸부림 끝에 죽음을 맞이했다. 그 친구는 우리를 위해서 약간의 부피를 증가시켜 주었다. 이스트의 죽음과 맞바꾼 우리의 부피 증가, 오븐스프링. 내게는 아무런 의미가 없어 보였다. 왜냐하면 내 몸의 일부분도 이미 굳어지기 시작했기 때문이다. 단백질, 전분의 호화 등으로 내 몸은 움직일 수 없게 되었다. 설탕도 나와 마찬가지로 자기 몸의 일부를 잔여당이라는 이름으로 하여 캐러멜 반응을 보이기 시작했다.

드디어 아름다운 금빛의 색을 가진 식빵이 나타나기 시작했다. 물도 수증기로 변하여 많은 부분이 우리의 몸에서 빠져나가기 시작하였다. 오븐에서 꺼내어져 틀에서 빠져 나왔을 때 밝은 세상에 눈을 제대로 뜰 수 없었으나 우리는 사람들의 감탄을 들을 수 있었다.

"와! 맛있는 식빵이다."

우리도 함께 소리쳤다. "와! 멋있는 식빵이다."

우리의 여행은 아직 끝나지 않았다. 사람들이 우리를 선택하지 않는 한 우리의 몸은 가루가 되어 일부분이나마 다시 네 시간의 긴 여행을 처음부터 시작해야 한다. '내 모습이 아름답게 재창조될 수 있을까?' 하는 두려움이 앞서는 긴 여행을 말이다.

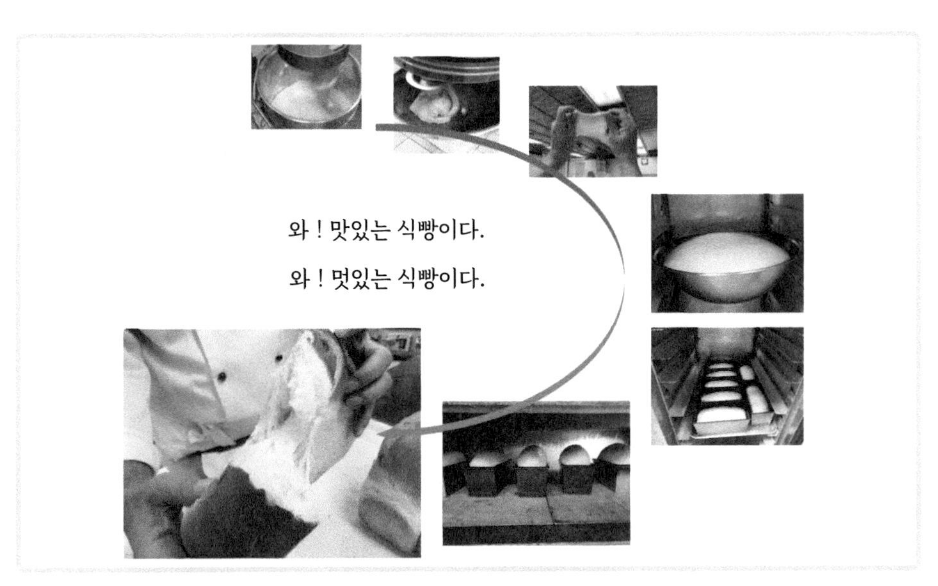

| 그림 1-12 | **가루 여행**

우리의 땀과 노력으로 만들어진 빵을 단순히 맛있다고만 표현하기에는 너무 아쉽다고 느껴서 멋으로 표현해 본다. 이렇듯이 제과제빵이란 직업은 참으로 멋있는 직업이라 할 수 있다.

1-7. 베이커리 생산관리

제빵이란 단순히 재료들을 혼합해서 반죽을 만들어 오븐에 굽는 비교적 간단한 과정이다. 그럼에도 불구하고 우리가 제빵과정이라 하여 복잡하게 알아야 하는 것은 단지 빵을 만든다는 것이 아니라 좋은 빵을 만들기 위한 노력이라 할 수 있다. 또한, 소비자가 원하는 일정한 품질을 유지하기 위한 수단이기도 하다. 어쩌다 맛있는 빵이 만들어졌다 하더라도 고객은 제품에 대한 신뢰를 요구한다. 다시 말하면 어느 날에 가더라도 항상 맛있는 일정한 제품을 원하는 것이다.

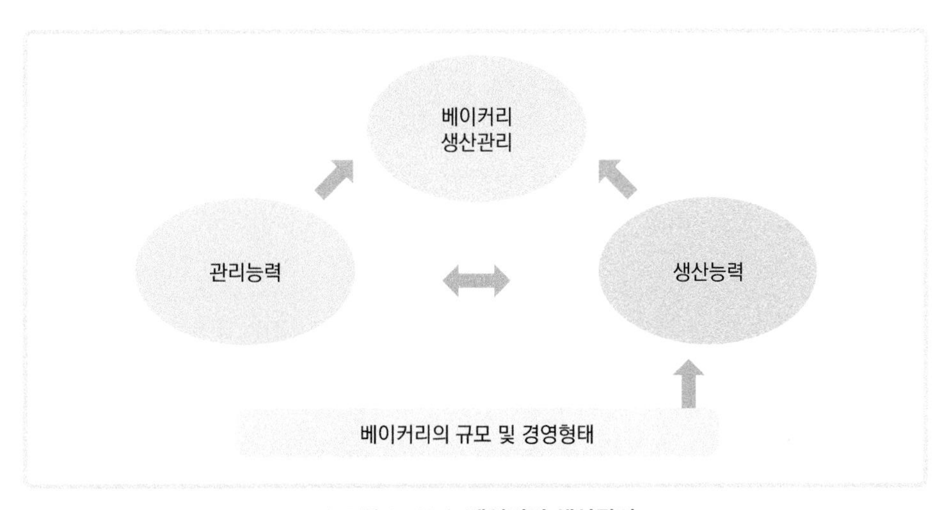

| 그림 1-13 | **베이커리 생산관리**

〈그림 1-13〉에서 보듯이 베이커리 생산관리는 제품 자체의 생산 능력뿐만 아니라 생산에 필요한 관리 능력에도 영향을 받게 되며, 이들 서로 간에도 직접적인 관계가 이루어져야만 한다. 즉, 생산 기술이 좋은 사람들이 함께 일하면서 최대한의 결과를 얻기 위해서는 그들을 관리하는 능력이 필요하다는 것이고, 이러한 것이 충족되어야만 최적의 생산관리가 이루어진다. 또한, 생산 능력은 베이커리의 규모나 경영 형태에 따라 다를 수밖에 없기 때문에 전체적으로 볼 때에 베이커리 생산관리

는 어렵다고 본다. 결국 절대적으로 생산만 생각하는 것은 베이커리의 올바른 경영 자세가 아닌 것이다.

첫 번째로 생산에 필요한 관리는 재료, 기술, 제품, 그리고 사회적 요구 등이 있다. 베이커리에서 사용하는 재료는 상당히 종류가 많고 다양하며, 재료들을 사용해야 할 환경 또한 다르다. 또한 항상 새로운 재료들이 개발되어 사용되고 있기 때문에 이에 대한 정보의 인식에도 상당히 민감해야 한다. 기술도 재료와 마찬가지로 한 가지 제품을 만드는 제빵 기술에도 여러 방법들이 있고, 그 방법들도 상당히 복잡하며, 작업 환경에 따라서도 항상 변화를 주어야만 한다. 그리고, 새로운 기계도 끊임없이 출현하고 있으며, 숙련 정도도 사람마다 제각각이기 때문에 기술의 관리 측면도 상당히 어려운 점이 존재한다. 베이커리에서 생산하는 제품들은 종류가 상당히 많다. 또한, 사람마다 제품의 품질을 다르게 평가하고, 소비자들이 항상 새로운 제품을 원하기 때문에 새로운 제품에 대한 지식 축적도 상당히 어려운 일이 될 것이다. 마지막으로 베이커리 생산관리에서는 라이프 스타일의 변화나 소비자의 경향도 중요하다. 소비자들의 베이커리 방문 목적은 주로 빵 제품 구매지만, 최근 대단지 아파트에 있는 베이커리는 커피나 음료를 시켜 놓고 앉아서 수다를 떠는 장소로 많이 이용되기도 한다.

두 번째로 생산능력 관리에는 인적 관리뿐만 아니라 경영주의 자본력, 새롭게 이용되는 생산 정보, 그리고 정부나 단체들에 의한 규제 등이 있다. 인적 관리는 생산 인력과 판매에 관여하는 서비스 인력에 대한 관리가 다르며, 이 둘의 관계를 총괄할 수 있는 관리가 필요하다. 자본력은 초기에 투자되는 자금뿐만 아니라 운영하면서 필요한 여유 자금이 반드시 필요하며, 경우에 따라서는 비싼 기계 대신에 싼 기계를 이용해서 제품의 품질 면에서는 조금 손해를 보더라도 운영하면서 여유 자금의 사정에 따라 나중에 생산성과 품질을 잡을 수도 있다. 그러나, 이러한 사항도 자금력으로만 해결될 수는 없으며, 판매량과 시장성 등을 고려하여 상황에 맞는 결정이 이루어져야 한다. 예를 들어서, 대유행했던 허니 버터 칩의 경우 수요에 비해 공급이 모자랐지만 회사는 증설 설비 투자를 하지 않았으며, 결국에는 과잉 투자가 일어나지 않았다는 것은 꼭 자본력만이 모든 것을 해결하지는 않는다는 것이다. 생산 방법에도 그 시대만의 트렌드가 있다. 너도나도 천연발효빵을 만드니 나도 천연발효빵을 만들어야 하고, 가까운 일본에서 탕종법으로 만든 빵이 맛있다 하여 너도나도 만드니 나도 탕종으로 빵을 만들어야 하는 상황에서 그에 대한 정보는 중요할 수밖에 없다. 이렇게 기술도 끊임없이 변하고, 새로운 기계나 재료들이 쏟아져 나오기 때문에 생산 관리에 필요한 점들이 너무나도 많은 것이 사실이다.

마지막으로는 거리 제한이나 가격표 표시 방법 등 새롭게 시행되는 정부의 규제가 자칫하면 큰 법적 문제로 비화될 수도 있고, 소비자들의 불만을 대변하는 각 단체들의 행동도 관리되어야 할 항목들이다. 이상과 같은 베이커리의 생산관리에 필요한 항목들을 간단히 보면 〈그림 1-14〉와 같이 나타낼 수 있다.

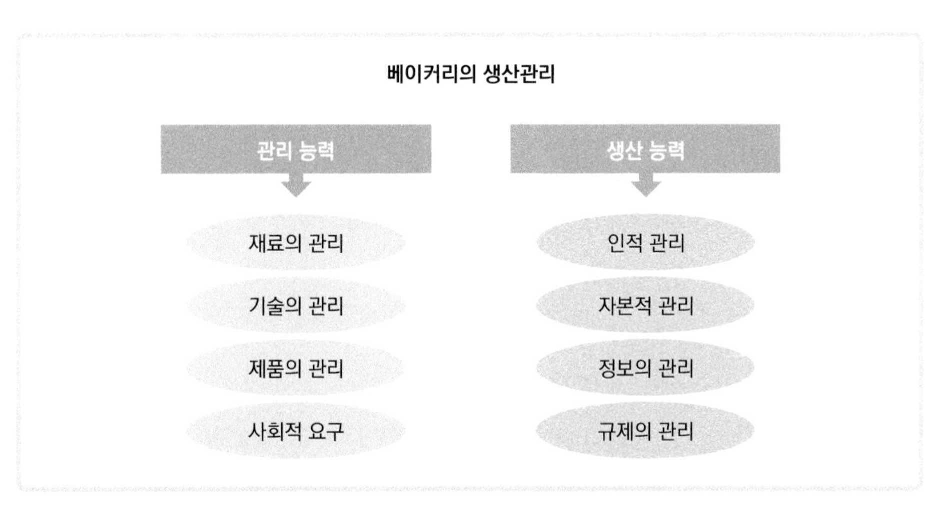

그림 1-14 | **베이커리 생산관리 항목**

1-8. 재료의 기능

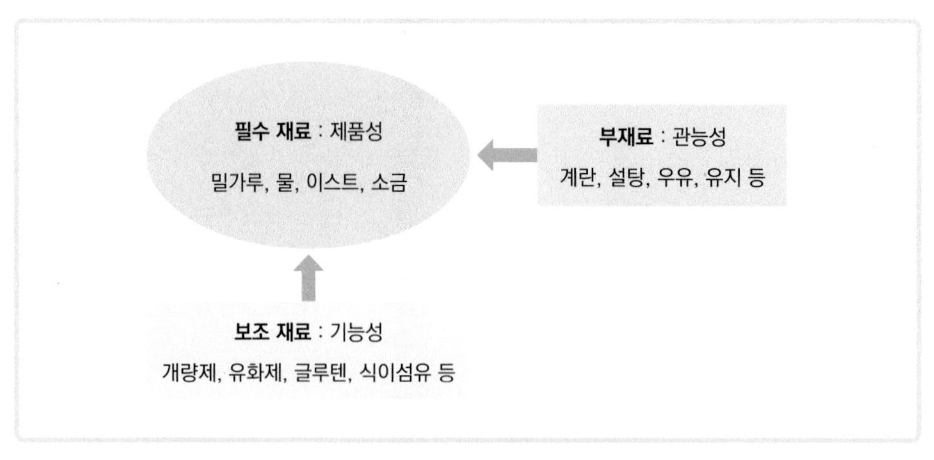

그림 1-15 제빵 재료의 기능

빵을 만드는 데에 필요한 재료는 다양하게 있으나 재료들의 기능을 따져 본다면 〈그림 1-15〉에서 보듯이 반드시 필요한 필수 재료, 맛과 품질에 관여하는 부재료, 그리고 제빵 과정을 돕거나 특수한 목적하에 사용하는 보조 재료로 나누어 볼 수 있다. 필수 재료로는 밥과 마찬가지로 탄수화물의 공급처로 제품의 식감을 나타내는 밀가루, 적절한 물성과 화학 반응을 일으키는 물, 제품의 부피 및 향과 부드러움을 줄 수 있는 이스트, 제빵 과정 중 발효를 조절하여 일정한 품질을 만들어 낼 수 있게 하는 소금이 있다. 특히 가장 적은 양을 사용하는 소금은 1% 이하나 2% 이상의 경우에는 맛에 있어서 제품으로서의 가치가 없기 때문에 중요한 역할을 담당한다.

이러한 필수 재료들만으로 만들어지는 바게트의 경우야말로 빵의 기본이라 말할 수는 있겠지만, 대부분의 빵들은 맛을 위해서 첨가되는 부재료를 다양하게 사용한다. 따라서 계란이나 우유는 빵을 만들 때에 사용하지 않아도 되며, 어쩌면 영양학적인 관점이 클 수도 있다. 또한 부재료로서 설탕은 이스트 발효에도 도움이 되지만 6% 이상을 사용한다면 설탕의 삼투압 작용으로 발효에 지장을 주게 되며, 단맛이 강하게 나타나게 된다. 마지막으로 버터나 마가린과 같은 유지 재료는 윤활작용으로 인해서 제품에 부드러움을 줄 뿐만 아니라 반죽의 팽창에도 도움을 준다. 제빵에 사용되는 보조 재료인 개량제나 유화제 등은 공정의 기능을 보완하는 수단으로 사용되며, 활성 글루텐이나 식이섬유 등은 반죽의 물성이나 영양학적인 특수한 목적으로 사용한다.

여러 제품들 중에서 식빵은 다양한 재료들의 기능이 서로 잘 어우러져야 좋은 제품이 만들어지기 때문에 제빵이론에서는 식빵을 기준으로 하여 설명한다. 각각의 재료들은 기능이 한두 가지만 있는 것이 아니며, 제품의 부피 특성에 관여하는 재료를 말하면 밀가루에서부터 개량제에 이르기까지 모든 재료들이 해당된다. 따라서 어떤 특성을 말하고자 할 때에 어떤 재료가 가장 효과적으로 기능을 발휘하는가를 따져 볼 필요가 있다.

밀가루가 단백질들을 이용하여 글루텐을 형성하는 중요한 기능이 있을지라도 이는 단지 제품의 구조를 지탱해주는 역할에 지나지 않을 뿐이며, 실제로는 밀가루의 70% 이상이 전분으로 구성되어 있기 때문에 이것으로부터 얻을 수 있는 식감이야말로 가장 중요한 기능이라 볼 수 있다. 이러한 식감은 열에 의한 전분의 호화를 통해서 일어나며, 제품에 남아 있는 30−35%의 수분은 제품을 편안하게 먹을 수 있는 기회를 제공한다. 이스트가 발효되어 부피가 팽창하면 제품이 부드러워진다. 소금을 사용하지 않는 경우 이스트 발효를 조절하기 어려워지며, 반찬과 같은 음식에서 느낄 수 있는 싱거움이라기보다는 아무런 맛도 없는 빵이 될 것이다.

식빵을 기준으로 본다면 설탕은 발효에 도움을 주지만, 부수적으로 발생하는 열에 의한 갈변 반응도 나타나고, 설탕의 보습 효과로 촉촉한 빵을 유지할 수 있다. 따라서 설탕을 많이 사용하는 단과자빵을 제외하면 설탕의 주된 기능은 발효 증진이라 할 수 있다. 개량제는 워낙 종류가 많으며, 개량제마다 기능이 다르게 나타난다. 그럼에도 불구하고 개량제의 투입은 반죽이나 발효에서 내구성을 부여한다. 다시 말하면 조금 부족하거나 과도한 반죽 및 발효 상태에서도 결과의 차이는 줄일 수 있는 것이다. 이상과 같이 제빵에 사용되는 재료들의 기능을 간단히 살펴보면 다음과 같다.

밀가루 : 식감, 제품 구조형성

물 : 식감, 화학 반응

이스트 : 향, 부드러움

소금 : 맛

설탕 : 발효증진

유지 : 부드러움

분유 : 맛

개량제 : 제빵 공정의 내구성

제빵 과정이 재료들을 혼합해서 반죽을 만들어 굽는 쉬운 과정이지만 〈그림 1-16〉과 같이 실제로 일어난 화학 반응들은 제빵 과정의 시작인 반죽 단계에서부터 발효 및 굽기에 이르기까지 일어나게 된다. 반죽의 팽창은 이스트 발효로 인한 탄산가스의 발생뿐만 아니라 반죽의 되기나 반죽 시 포함되는 공기의 함량에 따라서도 달라질 수 있으므로 혼합 시 사용하는 재료들의 양이나 기능에 따라서도 영향을 받게 된다. 따라서 제빵에서는 재료의 계량 작업부터 중요하며, 제빵기능사 실기 시험을 볼 때에도 다른 조리기능사 시험에서는 볼 수 없는 재료의 양 점검이 평가에 반영되는 것이다. 더욱이 여러 제빵 단계들은 서로 밀접하게 연관되어 있으며, 반죽이 조금 모자라면 충분한 발효 시간을 확보하여 보완하거나 과도한 2차 발효 상태라면 높은 열로 구워야 한다. 또한, 부피의 팽창과 같은 물리적인 변화를 초래하는 화학 반응은 기본적으로는 온도와 밀접한 관계에 있기 때문에 제빵이란 복잡하고 어려운 과정이라 볼 수 있으며, 매일 같은 품질의 빵을 생산해야 하는 전문 제빵인들에게는 어려운 일이 될 것이다.

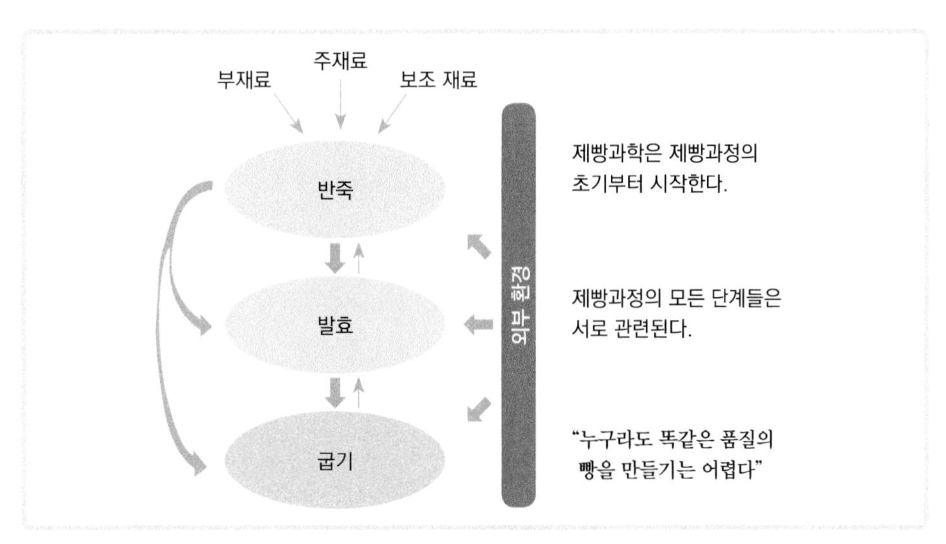

그림 1-16 **제빵공정의 관계**

1-9.
빵의 종류와 구조

베이커리에서 파는 빵의 종류는 상당히 다양하며, 빵의 사용 목적에 맞게 여러 가지의 식빵 종류, 설탕이 많이 들어가 약간 단맛의 소보로나 앙금빵과 같은 단과자빵, 햄버거나 모닝빵과 같이 조리를 해서 사용하는 조리빵, 바게트와 같이 겉이 딱딱한 특수빵, 기름에 튀긴 도넛 종류들로 분류하고 있다. 그러나 제빵이 이스트에 의한 발효가 적용된다는 점에서 보면, 기본적으로는 반죽, 발효, 그리고 굽기의 공정에 몇 가지의 변화를 주어 각각의 제품들이 만들어진다. 따라서 각 제품들에 적용되는 이론들이 다른 것은 아니다. 〈그림 1-17〉에서 대표적인 빵 제품들에 적용되는 공정의 차이를 도식으로 보여준다. 대부분의 빵들은 가운데 직선처럼 반죽, 발효, 굽기 과정을 거쳐서 생산된다. 오른쪽의 도넛은 발효까지 거친 후 오븐에서 굽는 대신에 기름에 튀기면 되고, 베이글은 발효를 거쳐서 굽기 전에 한 번 물에 튀긴 후 오븐에서 굽는다. 퍼프 페이스트리는 반죽 후에 유지로 층을 만들고 발효 과정 없이 굽기만 하면 되고, 데니시 페이스트리는 유지로 층을 만든 후 발효 과정을 거쳐서 구우면 된다. 바게트는 발효까지 끝난 후 오븐에서 구울 때 스팀을 사용해서 굽는다.

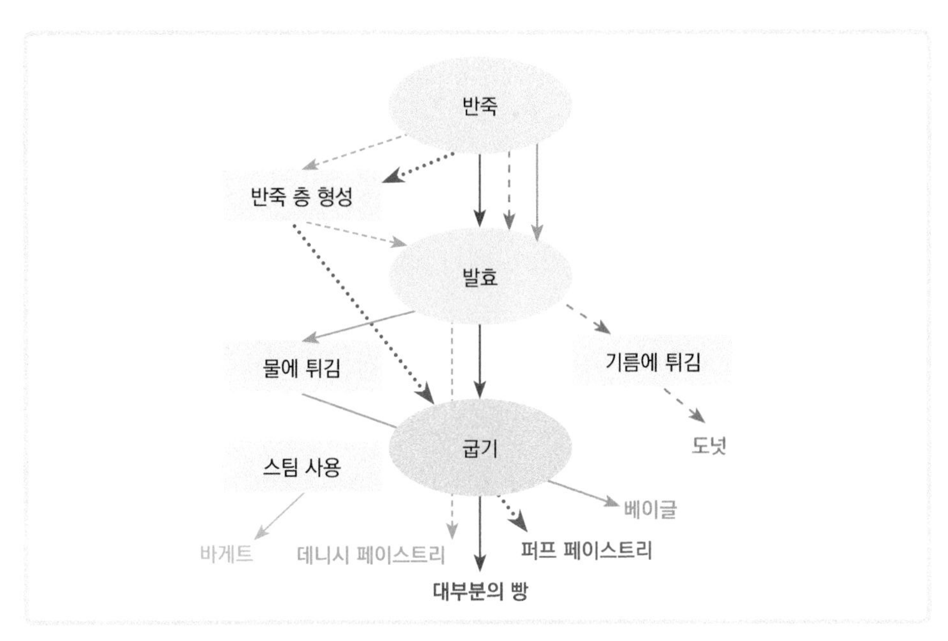

그림 1-17 **빵의 종류와 공정**

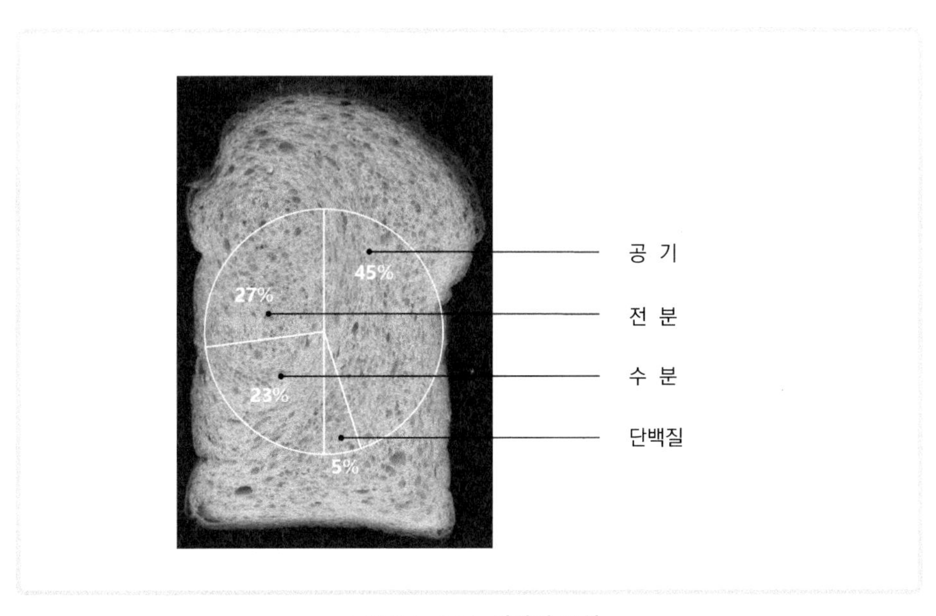

그림 1-18 **식빵의 구성**

빵 종류에 따라 약간씩은 다르겠지만, 다 구워진 식빵의 구성을 보면 〈그림 1-18〉과 같이 나타난다. 가장 많이 차지하고 있는 부분은 45%나 차지하고 있는 공기이고, 두 번째로는 실제로 사용하는 재료의 성분으로서 밀가루에 있는 전분이 27%이다. 그다음은 물이 23%나 있고, 우리가 그토록 제빵에서 중요하다고 여기는 단백질은 5%밖에 없다. 따라서 많은 책들이 단백질이나 전분에 대해서만 다루고 있으며 제빵인들도 이 부분을 더욱 중점적으로 공부하지만, 실제로는 공기나 물을 관리하거나 조작하는 것이 더 중요하다고 여겨진다. 케이크에서는 더 심하겠지만, 빵에서도 공기의 관리는 굉장히 중요하다. 결국, 베이커리의 제품들은 어떤 수단을 사용해서라도 공기를 많이 집어넣어 반죽을 만들고, 또 이어지는 과정들에서 반죽에 들어 있는 공기를 최대한 유지시켜서 제품을 완성하는 것이다. 물론, 여기서 말하는 공기는 반죽 시에 들어가는 공기뿐만 아니라 이스트에 의해서 새롭게 생성되는 탄산가스도 포함된다. 옛날에 봉이 김선달이 대동강 물을 팔았다고 하지만 어찌 보면 제빵사들은 공짜인 공기를 파는 직업인이라 할 수도 있겠다.

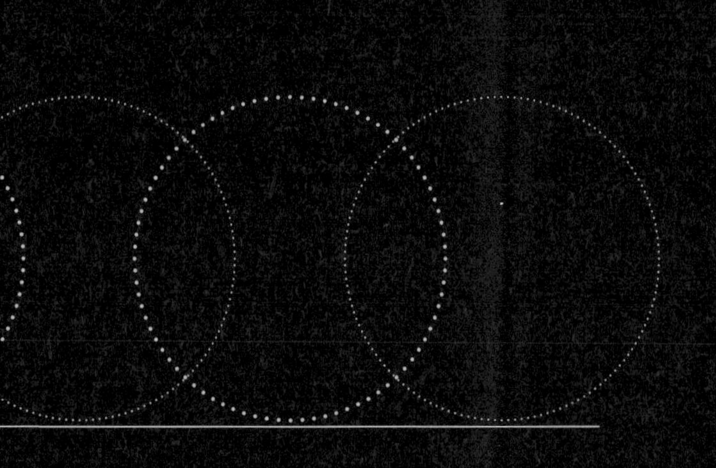

빵의 발효 과정은 과학적인 화학 반응에 따라 발생하며, 그 결과의 예측 또한 매우 가능한 일이다. 멀리 이집트 사람들이 부드러운 빵을 만들어 먹었다고는 하나 그들은 발효의 원리를 알 수 없었다. 단지 묵혔던 반죽으로 빵을 만들었을 뿐이다. 빵 공장은 어찌보면 화학 실험실과도 같이 움직인다. 그래서 제빵에서는 요리에서 사용하는 레시피(receipe)란 단어보다는 공식(formula)이라는 단어를 배합에 사용해야만 한다.
제빵 이론은 매우 단순해서 필요한 재료를 가지고 구우면 되기 때문에 누구나 빵을 만들 수는 있다. 그러나 여러 과정을 거쳐야 하며, 각 과정들 간에도 상당한 영향을 미치므로 좋은 빵을 만들기란 어려운 일이다. 더욱이 과정들뿐만 아니라 작업 환경에 의해서도 각각의 단계는 영향을 받게 되므로 매일 똑같은 품질의 빵을 만들기는 사실상 불가능한 일일 것이다. 또한, 이스트가 발효하면서 탄산가스를 발생시켜 반죽이나 빵이 부풀게 된다는 기본적인 이론에서부터 반죽이 팽창되는 데에도 글루텐의 질적인 면이 중요한 역할을 하며, 이러한 글루텐들이 분자학적으로 어떻게 만들어지는가를 안다는 것은 매우 어려운 일이라 할 수 있다.

2장

본론

제빵 이론

2-1.
밀의 종류

지중해와 메소포타미아 지방에서 기원전 5000년 이전부터 경작되어 온 밀은 오늘날과 같은 종류는 아닐지라도 인류가 최초로 재배한 곡류의 하나로 여겨져 왔다. 밀의 최대 경작지 중 하나인 미국에서는 현재 여러 종류의 밀들이 재배되고 있으며, 이것들은 지역에 따라 잘 분리하여 특징지을 수 있다. 북중서부 지역에서는 경춘맥(hard spring wheat), 남서부 지역에서는 경동맥(hard winter wheat), 미시시피강 동쪽에서는 연질맥(soft wheat) 등이 대표적인 종류로서 밀의 종류에 따라 제품에 미치는 영향에 차이가 난다.

밀의 종류는 밀알의 단단한 정도에 따라 경질밀(hard wheat), 연질밀(soft wheat)로 구별되며, 그 외에도 밀알의 색과 재배된 기간에 따라 세분화되어 다양하다. 예를 들어 보면, hard red spring wheat는 봄에 씨를 뿌려 재배한 붉은색을 띠는 단단한 밀알이다. 이와 같이 구분하는 이유로는 그것이 가지고 있는 단백질의 함량뿐만 아니라 반죽의 가스 보유력 차이를 들 수 있다. 겨울에 재배된 밀은 단백질 함량이 대략 11–13%이며, 봄에 재배된 밀은 16%의 높은 단백질을 함유하고 있다. 그러므로 식빵이나 빵 등과 같이 반죽의 점탄성과 신전성을 요구하는 제품들에는 경질밀로부터 제분된 밀가루가 좋으며, 그중에서도 경춘밀(hard spring wheat)은 경동밀(hard winter wheat)에 비해 단백질 함량이 높으며 강한 글루텐을 가지고 있다. 이와 같은 이유로 인해서 경춘밀로 제분된 밀가루는 특수한 용도로 팔리고 있으며, 주로 다곡류 식빵이나 특수 빵들을 위해서 사용하게 되며 경동밀은 대부분의 빵용 밀가루로서뿐만 아니라 상업적인 다목적용으로 제분되고 있다. 연질밀은 신전성이나 강한 글루텐을 요구하지 않는 케이크류나 쿠키류 등에 사용되는 밀가루를 주로 만들게 된다. 최근에는 밀알의 색이 흰 경질(hard white)밀이 개발되어 주로 발효빵이나 국수의 제조에 사용되고 있다.

밀가루는 어떠한 재료보다도 대부분의 빵 반죽에 미치는 영향이 큰 재료이며, 최종 제품의 품질에도 상당한 영향을 주게 된다. 그러한 이유로는, 첫째로 밀에 들어 있는 독특한 단백질들이 반죽 구조의 팽창에 강한 특성을 보여주기 때문이며, 두 번째로는 빵 제품 속에 들어 있는 어떠한 재료보다도 밀가루가 가장 많이 함유되어 있기 때문이다. 그러므로 만족할 만한 결과를 얻기 위해서 사용되는 밀가루를 생산하기 위해서는 밀의 품질이 일정해야 하고 그 특성을 잘 알아야만 한다.

밀(wheat)과 유사한 성분을 가지고 있는 호밀(rye)은 오래전부터 재배되어 왔으며, 빵을 만들 때도 많이 사용되어 왔다. 실제로 유럽에서 옛날의 귀족들은 흰 빵을 먹었으며, 호밀로 만든 어두운 빵들은 가난한 사람들의 몫이었다. 그러나 현재는 섬유질이 풍부할 뿐만 아니라 건강에 좋다는 이유로 해서 비싸더라도 검은 호밀빵을 먹는 것이다. 호밀은 제분하고 난 후 가루에 남아있는 호밀의 껍질 양에 따라서 밝기로 분류되어 연한(light) 호밀가루와 어두운(dark) 종류가 있으며, 일반적으로는 가루의 색에 따라서 화이트(white), 미디엄(medium), 다크(dark)로 구분한다. 또한 제분된 입자의 상태에 따라서도 밀가루와 같이 고운 가루의 경우를 라이 플라워(rye flour)라 하고, 입자가 거칠 때에는 라이 밀(rye meal)이라 하며, 호밀을 아주 거칠게 빻은 경우 펌퍼니클(pumpernickel)이라 한다. 호밀가루에는 글루텐이 소량(약 7%) 존재하며, 밀가루에 있는 아밀라아제 효소의 특성과는 다르게 나타나서 높은 열에도 활성을 일으킨다. 따라서 반죽 구조를 파괴하여 오븐에서의 팽창을 감소시키게 된다. 또한 사용하는 호밀가루의 색에 따라서도 제빵 과정에서의 결과가 다르게 나타나므로 주의해야 한다. 보통 가루의 색이 진할수록 반죽의 흡수율은 증가하고, 반죽 및 발효 시간이 감소되며, 낮은 온도로 오래 구워야 한다. 호밀가루를 이용해서 빵을 만드는 경우 사용하는 명칭이 나라마다 달라질 수 있으며, 미국에서는 호밀빵이라 하면 반드시 캐러웨이(caraway) 씨가 포함되어야 하고, 캐나다에서 캐러웨이 씨가 포함된 호밀빵은 킴멜(kimmel)이란 단어를 사용하며, 입자가 거친 펌퍼니클 가루를 이용한다면 호밀빵(rye bread)이라 하지 않고 pumpernickel bread라 한다.

이 외에도 제빵과정에서 특수한 목적에 맞게 약간의 변화를 주어 만든 밀가루의 종류도 다양하게 있으며, 사용 용도를 안다면 외국의 배합표 등에 나와 있는 내용을 이해하는 데에 도움이 될 것이다.

Bleached flour	:	색소를 제거하기 위해 표백된 밀가루
Matured flour	:	부피를 위해서 숙성 기간을 길게(26주) 한 밀가루
Malted flour	:	효소 작용을 강화시킨 밀가루
Enriched flour	:	철분, 칼슘, 비타민 등을 첨가한 밀가루
Blended flour	:	여러 종류의 밀가루를 혼합하여 품질을 향상시킨 밀가루
Self rising flour	:	베이킹파우더와 소금을 함유한 밀가루
Instant flour	:	단백질 함량이 적고 호화된 전분을 함유한 밀가루
Graham flour	:	고운 입자의 껍질 부분을 함유한 전밀가루
Southern all-purpose flour	:	낮은 단백질(9%)과 표백된 밀가루

2-2.
밀가루의 기능

밀의 구성을 쉽게 알기 위해서는 미국에서 밀 경작자들이 하는 다음과 같은 행동을 관찰해 보면 된다. 추수를 하면서 그들은 한 움큼의 밀알을 입에 넣고 씹는다. 곧이어 벗겨지는 껍질 부분을 뱉어 제거하면서 계속 씹으면 덩어리는 점점 질겨지며, 뿌연 전분들이 나오게 된다. 계속해서 생기는 전분들을 다 뱉고 나면 껌같이 질긴 글루텐이 남는다. 이와 같은 행동의 결과로서 그들은 그 해에 수확된 밀의 대략적인 품질을 알게 된다. 한 알의 밀알을 구조학적으로 세분화해 본다면 크게는 세 부분으로 이루어져 있다.

첫째로는 밀알의 껍질 부분(bran)으로 전체의 약 14.5%를 차지하고 있으며, 주로 가축을 위한 사료로 많이 사용한다. 두 번째로는 배아 부분(germ)을 가리키며 약 2.5%를 차지하며, 지방을 함유한 관계로 밀가루의 저장성에 영향을 주게 되고 반죽의 글루텐을 약화시키므로 주로 사료로 이용된다. 마지막으로 전체의 83%를 이루고 있는 내배유 부분(endosperm)을 들 수 있다. 이 부분은 많은 양의 전분과 단백질들을 함유하고 있기 때문에 위의 세 가지 구성 요소 중 제빵 분야에서는 가장 중요한 부분이라 할 수 있다.

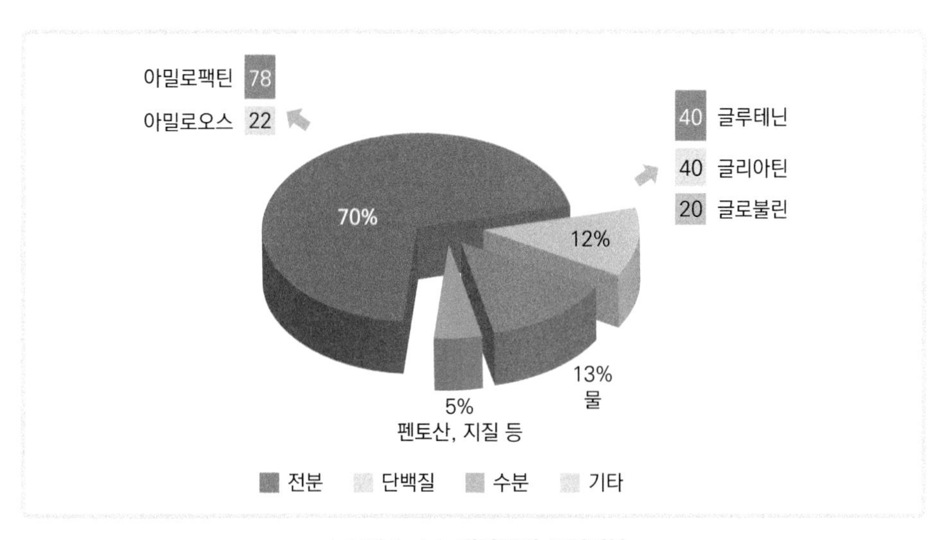

그림 2-1 | 밀가루의 구성성분

밀가루는 제분하는 밀의 성질이나 제분하는 과정에 따라서 성분의 함량 %는 약간씩 달라질 수 있지만 제빵용 밀가루의 전반적인 구성성분은 〈그림 2-1〉과 같이 볼 수 있다. 보통, 밀가루는 70%의 전분과 단백질 12%, 물 13%, 그리고 펜토산이나 지질 등과 같은 기타 물질들이 5% 정도로 구성되어 있다. 밀의 제분과정에서 전분은 입자가 깨져서 5-7%는 손상 전분(damaged starch)의 형태가 되며, 흡수율은 2배가 된다. 이러한 손상 전분은 이스트의 발효 과정에 절대적으로 필요하지만, 발효를 돕기 위해서 손상 전분을 많이 사용한다면 그에 따라 반죽의 상태도 변하게 되고, 결정적으로는 제분과정에서 발생되는 손상 전분의 양이면 발효에 충분하다. 그리고, 가지형의 아밀로펙틴과 선형의 아밀로오스로 구성되어 있는 전분은 대략 8:2 정도로 아밀로펙틴의 양이 많다.

단백질 중에서도 글루텐을 만들 수 있는 글루테닌과 글리아딘이 반반씩 40%씩, 그리고 나머지는 글루텐과는 연관이 없는 글로불린 단백질 등이 20%나 들어 있다. 글리아딘이나 글루테닌에도 여러 종류가 있으며, 글리아딘의 특성은 비슷하지만 글루테닌은 저분자냐 고분자냐에 따라서 그 특성이 다르다. 즉, 글루테닌의 특성인 탄성은 엄밀하게 말해서 분자량에 따라 달라질 수 있다는 의미이다. 예를 들어 저분자 글루테닌은 글리아딘과 비슷하여 글리아딘의 특성인 점착성을 보이기도 한다.

밀가루에 포함되어 있는 지질은 제빵에 도움이 되지 못하므로 가급적 제분 시에는 제거해야 하며, 이와 같은 이유로 밀을 통째로 제분하는 통밀가루를 이용하는 제품을 만드는 것은 어려운 일이다. 마지막으로 밀가루의 약 4%를 차지하고 있는 펜토산은 약 15배의 높은 흡수율을 보이며, 반죽의 수분 중 20-25%를 흡수하게 되므로 빵 반죽 시에 큰 영향을 미칠 수도 있다.

2-3.
반죽의 목적

제빵과정의 첫 단계인 반죽의 목적은 〈그림 2-2〉와 같이 반죽에 사용되는 모든 재료들의 균일한 혼합, 건조 재료들과 밀가루의 수화, 글루텐 단백질의 형성 및 발전, 그리고 반죽 시에 들어가는 공기의 혼입 등이 있으며, 이 순서에 따른 기능들은 다 중요하지만, 그중에서도 글루텐의 발전과 공기 혼입이 가장 중요하다고 할 수 있다. 왜냐하면, 글루텐 발전이 없으면 빵 제품의 골격이 이루어질 수 없고, 공기의 혼입이 없으면 발효 시에 일어나는 반죽의 부피 팽창이 불가능하기 때문이다. 이 둘 중에서도 더 중요한 것을 꼽으라면 과학적으로는 공기의 존재라 할 수 있다. 이제 시작 단계인 반죽에서 공기가 들어가지 않으면, 그다음 단계인 발효부터 진행이 어렵기 때문이다. 그러나 보통 반죽기가 돌아가면 자연히 혼합되고, 수화되고, 또 공기도 들어가게 되기 때문에 반죽의 기능을 한 가지만 꼽으라 하면 글루텐 발전이 될 수 있다. 다만, 반죽기가 돌아간다고 해서 자연히 글루텐이 만들어지는 것은 아니며, 실제로는 단단한 밀가루의 입자가 수화되어 최후의 입자 내부에 있는 부분까지 글루텐을 만들 수 있는 단계가 최적의 반죽 상태라 할 수 있다.

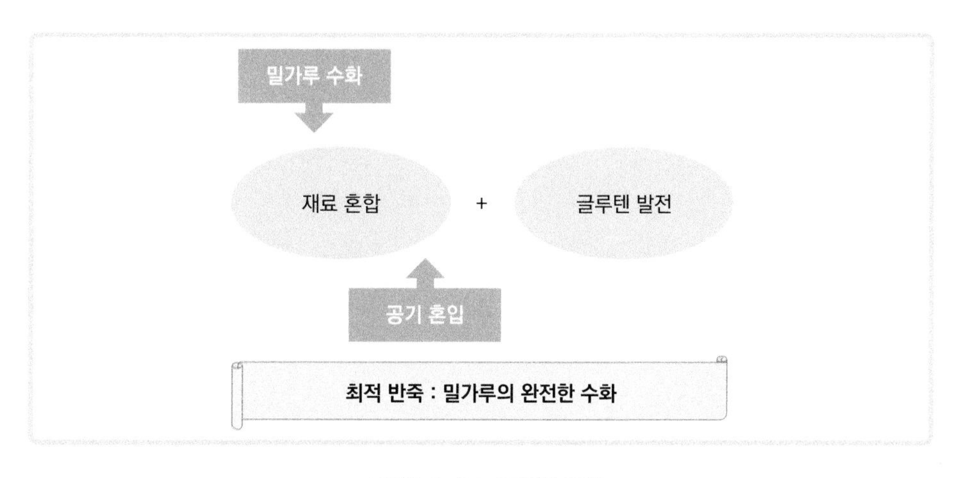

그림 2-2 | 반죽의 목적

반죽이란 그냥 재료들을 혼합해서 한 덩어리의 반죽을 만드는 것이다. 이러한 과정을 살펴보면 〈그림 2-3〉과 같다. 여기서 반죽이란 단어를 세 번 언급했는데, 앞에서는 혼합하는 동작 즉 믹싱(mixing)을 말했고, 빵과 같이 글루텐을 발전시켜야 하는 믹싱 때에는 따로 니딩(kneading)이란 특수한 단어를 사용하기도 한다. 마지막으로는 반죽 덩어리를 말하는 도우(dough)를 표현하기도 한다. 따라서 케이크 반죽의 믹싱에서 니딩이란 단어는 사용할 수 없으며, 케이크의 반죽 혼합물을 말할 때에는 배터(batter)란 단어를 따로 사용하고 있다. 이 두 가지의 반죽을 구분하는 기준은 만들어진 반죽의 흐름성이며, 반죽을 바닥에 놓았을 때 형태가 유지된다면 도우라 하게 된다. 그래서 우리가 반죽을 말할 때는 잘 분간해서 이해해야 하며, 반죽이란 단어가 행위를 나타내는 믹싱이나 니딩을 말하는지 반죽 자체를 일컫는지를 헤아려야 한다.

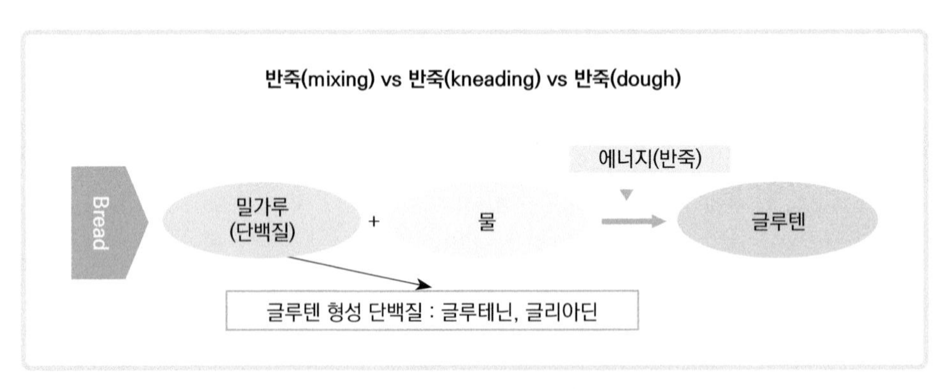

그림 2-3 **빵 반죽 과정**

반죽에서 여러 목적들을 충분히 이루어내야만 좋은 반죽이 만들어지겠지만, 반죽 과정이란 매우 단순한 것이다. 손으로 수타면을 뽑아 자장면을 만드는 중국집을 보면, 밀가루에 물을 넣고 반죽을 만들어서 늘리고 접는 동작만으로 가느다란 면을 뽑는다. 중력 밀가루를 첨가하여 사용하므로 반죽이 부드럽게 잘 늘어날 것이고, 단지 국수의 굵기만 맞으면 되는 것이다. 마찬가지로 제빵에서의 반죽도 이렇게 밀고 접는 동작을 반복하는 것이며, 이런 방법은 옛날부터 이렇게 해왔고, 앞으로도 크게 달라지지는 않을 것이다. 중국집에서도 반죽을 만들 때 믹싱한다고 하지만 전문적으로 빵을 만드는 사람으로서는 니딩(kneading)이란 단어를 사용할 줄 알아야 한다.

빵 반죽에서 중요한 글루텐이 만들어지려면 밀가루, 물, 에너지가 필요하다. 자세히 말하면, 밀가루에 있는 글루테닌과 글리아딘이라는 단백질이 물과 만나고, 반죽기가 회전할 때 생산되는 운동 에너지가 들어가면 글루텐이 생긴다. 따라서 밀가루 자체에는 글루텐 단백질이 존재하지 않는다. 밀가루에는 알부민, 글로불린 같은 여러 가지 단백질들이 있지만, 그중에서 글루텐을 만들 수 있는 단백질인 글루테닌과 글리아딘 단백질이 약 85%나 있다. 그래서 보통 밀가루를 분류할 때 단백질의 양을 기준으로 해서 단백질이 많으면 강력 밀가루, 적으면 박력 밀가루라 한다. 실제로는 글루테닌과 글리아딘의 성질이 다르므로 밀가루는 단백질의 양뿐만 아니라 단백질의 질도 굉장히 중요한 기능을 한다. 결국, 빵을 만들 때는 최대한도로 글루텐을 만들어 잘 발전시켜야 하고, 케이크를 만들 때는 글루텐의 발전을 최소한도로 해야 한다. 그래야 쫄깃쫄깃한 빵 제품이 만들어지고, 또한 부드러운 케이크 제품도 만들 수 있는 것이다.

2-4.
반죽 과정

일반적으로 알려진 반죽 과정은 총 6단계로 주로 Pyler 박사가 말한 픽업(pick-up) 단계, 초기 발전(initial development) 단계, 클린업(clean-up) 단계, 최적 발전(final development) 단계, 과반죽(let down) 단계, 그리고 파괴(break down) 단계를 말한다. 픽업 단계는 건조 재료와 젖은 재료들이 혼합되는 상태를 말하고, 초기 발전 단계는 가운데에 글루텐이라는 단어가 생략되어 정확히 말하면 초기에 일어나는 글루텐 발전(initial development of gluten) 단계를 말한다. 클린업 단계는 혼합된 반죽이 반죽 통에서 깨끗하게 떨어져서 하나의 덩어리로 뭉친 상태를 말하고, 렛 다운 단계는 반죽이 지친 상태를, 그리고 파괴 단계는 글루텐 결합들이 너무 파괴되어 반죽으로서의 효용 가치가 없어진 상태이다. 가끔 다른 책들을 보면, 클린업 상태하고 초기 발전 단계가 바뀌어 있는 경우가 있는데, 엄밀하게 말하면 밀가루가 물과 만나고 반죽기가 돌아가면 글루텐이 생기기 시작하므로 위에서 언급된 순서가 맞다.

〈그림 2-4〉에서 6단계에 입각한 이론적인 반죽 과정을 보여주고 있다. 픽업 상태에서는 반죽이 반죽 통에 끈적하게 붙어 있고, 초기 발전 단계에서 글루텐이 만들어지기 시작하며, 클린업 상태에서 반죽이 가운데로 뭉친다. 최적 단계에서는 잘 발전된 글루텐 막을 볼 수 있으며, 마지막으로 과반죽과 파괴 단계에서 점점 반죽이 찢어진다. 빵 반죽의 최종 시점은 네 번째인 최적의 글루텐 발전 단계라 볼 수 있지만 제품의 종류나 작업 환경에 따라서는 이전 단계에서 반죽을 마칠 수도 있다. 즉, 전적으로 수작업에 의해 만들어지는 과정이라면 시간을 감안해서 약간 모자란 상태에서 끝내기도 하며, 전날에 반죽을 하는 경우에는 픽업 단계나 초기 단계만으로도 충분하다.

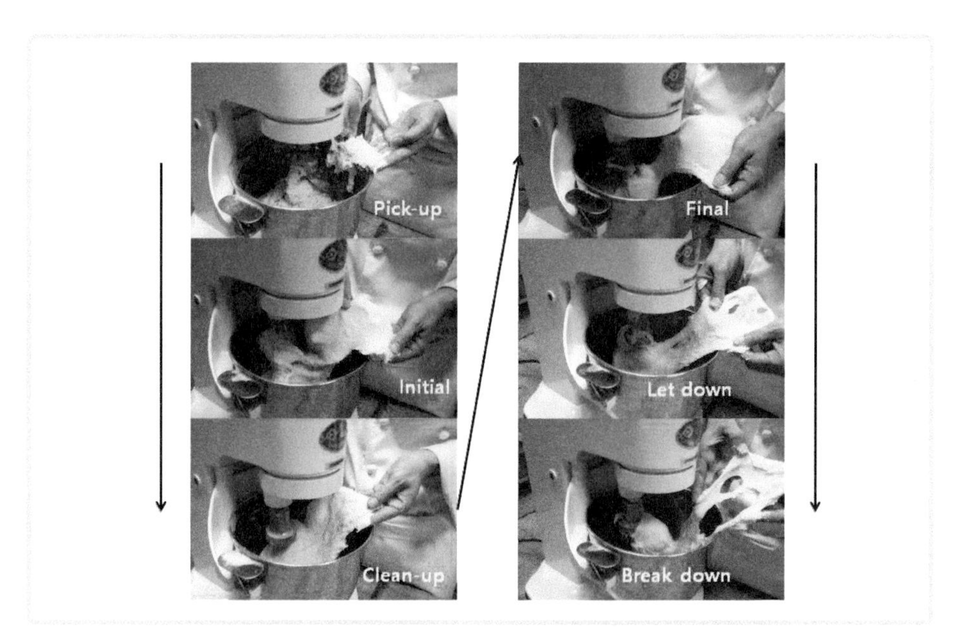

| 그림 2-4 | 이론적인 반죽 단계

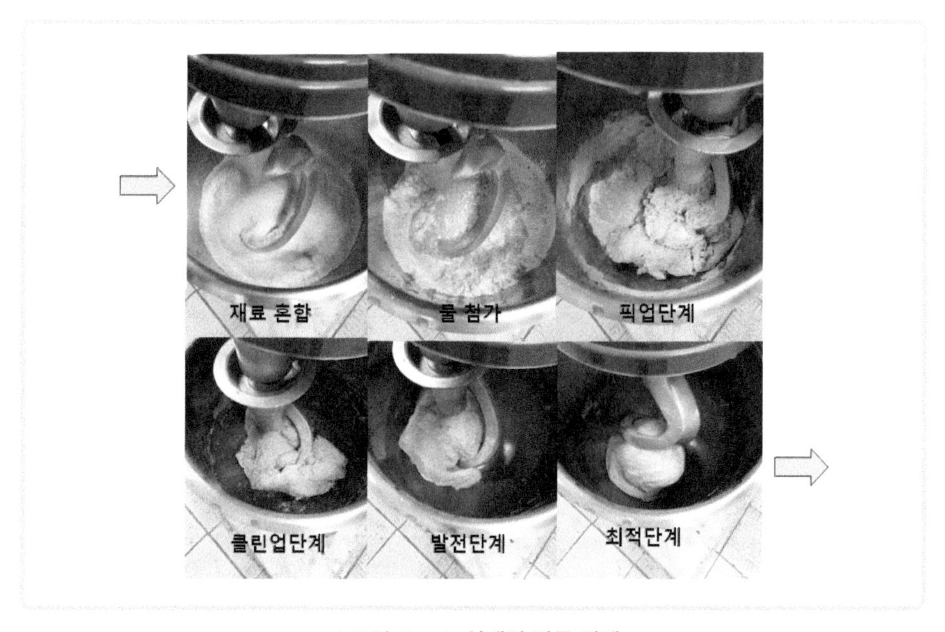

| 그림 2-5 | 실제의 반죽 단계

반죽 과정은 재료들의 균일한 혼합, 밀가루를 비롯한 건조 재료들의 수화, 그리고 글루텐 구조의 발전을 통해서 한 덩어리의 점탄성 물질을 만들어 내는 과정이다. 그러나 실제로 제빵 작업장에서 앞에서 말한 이론적인 6단계를 적용해서 반죽을 만들기는 어렵다. 오히려 제빵사가 하는 행동을 생각하면 〈그림 2-5〉와 같다고 볼 수 있다. 먼저 여러 분말 형태의 재료들이 충분한 기능을 발휘하도록 저속으로 골고루 섞고, 계량된 물을 첨가한다. 그리고, 모든 재료들이 물을 충분히 픽업한 상태에 이르기까지 저속을 유지하여 클린업 상태를 만든 후, 반죽기 속도를 중속으로 하여 글루텐이 발전할 수 있는 충분한 에너지가 전달되도록 한다. 결국, 반죽이 최적의 발전 상태를 얻기 위해서는 최소한의 반죽 속도나 작업량이 있어야 하며, 일반적으로는 저속에서는 점성이 증가하고 고속에서는 탄성이 증가하기 때문에 오랫동안 저속으로만 반죽을 할 경우에는 원하는 탄력적인 반죽이 아니라 끈적하게 점성이 강한 반죽이 만들어지게 된다. 그리고 제품 또한 저속에서보다 고속 상태에서 기공이 조밀해진다. 최적 단계에 이르면 반죽의 글루텐 막은 펼쳐보았을 때 풍선 껌과 같이 불투명한 얇은 막이 형성된다.

이러한 과정을 통해서 만들어진 반죽의 물리적인 특성은 점성과 탄성을 함께 갖고 있는 점탄성으로 표현할 수 있으며, 최종 반죽에서는 탄성이 점성보다 강하게 나타난다. 물을 제외한 탄성의 재료들을 혼합하고, 클린업 상태까지 점성이 강하게 나타나며, 글루텐이 발전되어 감에 따라서 탄성이 약간 강한 점탄성으로 나타난다. 따라서 빵 반죽은 액체의 점성과 고체의 탄성을 함께 갖고 있는 점탄성 물질이며, 이러한 점탄성의 상태는 최종 제품의 품질에도 매우 큰 영향을 준다.

2-5. 글루텐의 발전

반죽 과정에서 만들어지고 발전되는 글루텐의 변화를 분자학적으로 보면 아래에 있는 〈그림 2-6〉과 같다. 그림에서는 글루텐 단백질의 구조, 그리고 이런 글루텐이 발전되면 변화되는 상태, 과반죽 상태의 구조, 마지막으로는 산화제를 넣으면 어떻게 작용하는지를 보여 준다. 우선, 그림에서 진한 곡선으로 표시된 것이 글리아딘과 글루테닌이 결합된 글루텐 분자를 말한다. S는 황을 뜻하는 화학 기호로서 이런 황의 결합이 모든 단백질에는 존재하고, 황 2개가 결합되어 있는 것을 SS 결합 즉, 이황화 결합(disulfide bond)이라 하고, 황 1개와 수소가 결합되어 있는 SH는 황화수소기(sulf-hydryl linkage)라 한다. 이황화 결합은 매우 강해서 탄성을 나타내지만 황화수소기가 많이 붙어 있으면 점성을 나타내며, 이 결합은 글루텐 분자 내에 있는 결합이므로 분자 내 결합(intra bond)이라 한다. 실제로 반죽에는 많은 글루텐들이 존

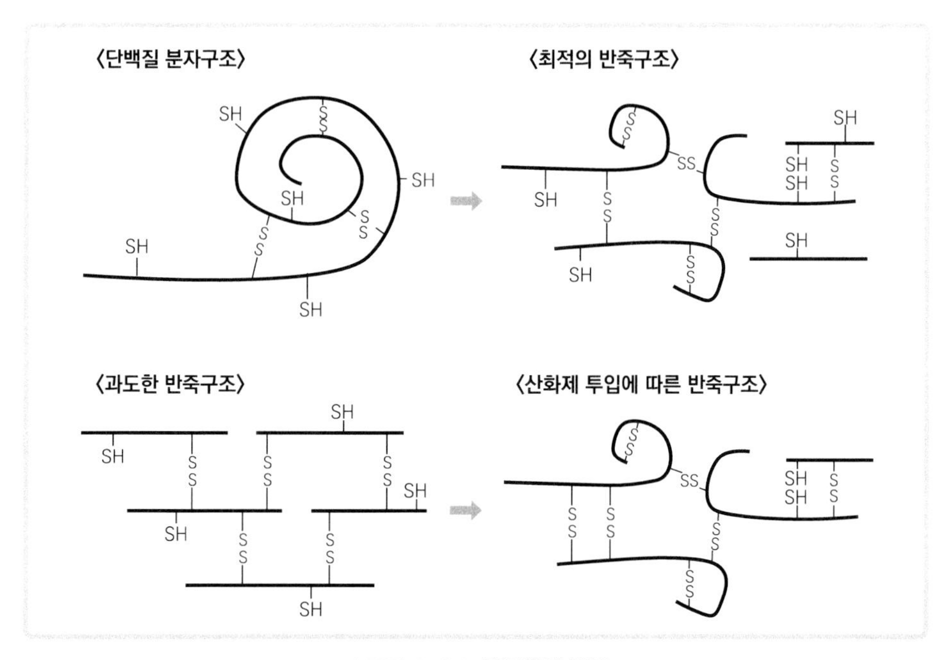

| 그림 2-6 | 글루텐의 발전

재하고, 글루텐 분자 사슬 간에도 서로서로 이황화 결합이 결합되어 있으니까 반죽은 탄성을 갖게 되며, 이 결합은 분자 간 결합(inter bond)이라 한다. 반죽에서는 이 두 가지 결합이 적당하게 있어야 우리가 원하는 점탄성을 얻게 되는 것이다. 최적의 반죽을 한다는 것은 막 꼬여있던 글루텐 한 분자들이 다시 질서있게 정돈되는 것이다. 그래서 잘 발전된 글루텐을 보면, 분자 내에도 이황화 결합이 아직 있지만, 분자 간에도 이황화 결합이 있다. 결국, 반죽하는 동안에 분자 내에 있던 이황화 결합이 깨지기도 하고, 분자 간에도 이황화 결합이 새로 생기게 된다. 반죽을 오래해서 과반죽 상태가 되면 분자 내에 있던 이황화 결합들이 다 없어지므로 반죽이 처지고 질어진다. 일반적으로 모든 화학 반응들은 조건만 맞추면 다시 역으로 반응이 진행될 수 있으며, 반죽을 좀 단단하게 만들기 위해서 산화제를 쓰는 경우가 많이 있다. 〈그림 2-6〉의 마지막을 보면, 극단적인 예이지만 황화 수소기가 다 없어졌다. 산화제를 투입하는 것은 산소를 공급하는 게 되므로 황화 수소기에 있는 수소들은 산소와 결합해서 가장 안정한 결합의 형태인 물로 변하고, 남은 황 2개는 다시 결합해서 결합력이 강한 이황화 결합을 만든다. 환원제 같은 경우는 반대로 수소가 첨가되어 이황화 결합이 깨지고 황화 수소기로 만들어져서 잘 늘어나는 성질의 반죽을 만들 수 있다.

사실, 지금까지 이황화 결합이 어떻고, 황화수소기가 어떻다 하고 황 결합만 말했지만, 반죽에서 일어나는 결합은 굉장히 많이 있다. 실제로 글루텐 간에 있는 결합은 7가지나 있다. 결합력이 매우 강한 공유결합으로 분자 내의 이황화 결합이나 분자 간의 이황화 결합뿐만 아니라 힘이 약한 비공유 결합으로 황화 수소기, 이온 결합, 반데르발스 힘, 분자 간의 수소 결합, 그리고 펩티드 본드 같은 것도 모두 반죽 결합에 영향을 미치게 된다. 그러나, 반데르발스 힘이 얼마나 약한 것인지는 독자 분들은 알 것이다. 그래서 실제로는 우리가 이런 것들까지 생각할 필요는 없으며, 단지 과학적으로 분자학적인 면에서 그렇다는 것이다.

2-6.
제빵과 온도

빵과 마찬가지로 밥을 만드는 것도 화학적이고, 물리적 변화이다. 전분이 호화되는 화학적 반응과 그에 따른 식감의 변화와 같은 물리적 변화의 결과이며, 여기에 열과 물이라는 변수가 작용되어, 진밥이나 된밥이 될 수도 있다. 그러나 제과제빵에서는 쌀과 물 이렇게 단순히 두 개의 재료만 들어가는 게 아니고, 밀가루, 물 이외에도 계란이나 우유 등과 같이 여러 가지의 재료들을 혼합하여 제품을 만들며, 심지어 제빵에서는 살아있는 생명체인 이스트도 들어간다. 우리가 추운 겨울 날에는 몸이 움츠러들고, 더운 여름에는 축 처지는 것과 같이 이스트도 마찬가지이다. 온도가 낮으면, 활동에 제약을 받는 반면에 온도가 적당하면 왕성히 활동하게 된다. 그래서 제빵에서는 온도가 중요한 변수로 작용한다. 일반 화학에서도 마찬가지이지만 화학 반응은 대체로 온도가 높으면 반응이 활발하게 일어나게 된다. 제빵에서 일어나는 화학 반응으로는 이스트의 분해 반응에서부터 제품의 껍질 색을 나타내는 캐러멜 반응, 향을 발생하는 메일라드 반응, 전분의 호화 반응 등 아주 다양한 반응들이 있다. 또, 제과에서는 일어나지 않지만 효소에 의한 분해 반응도 있다. 이러한 반응들은 저마다의 결과를 나타내서, 부피 팽창이나 색, 식감의 변화와 같은 물리적인 변화를 수반하게 된다. 그뿐만이 아니라 베이커리 매출도 더운 여름보다는 봄, 가을이 훨씬 좋기 때문에 베이커리에서 온도란 생산뿐만 아니라 경영 전반에 걸쳐 생각해야 할 중요한 관점이다.

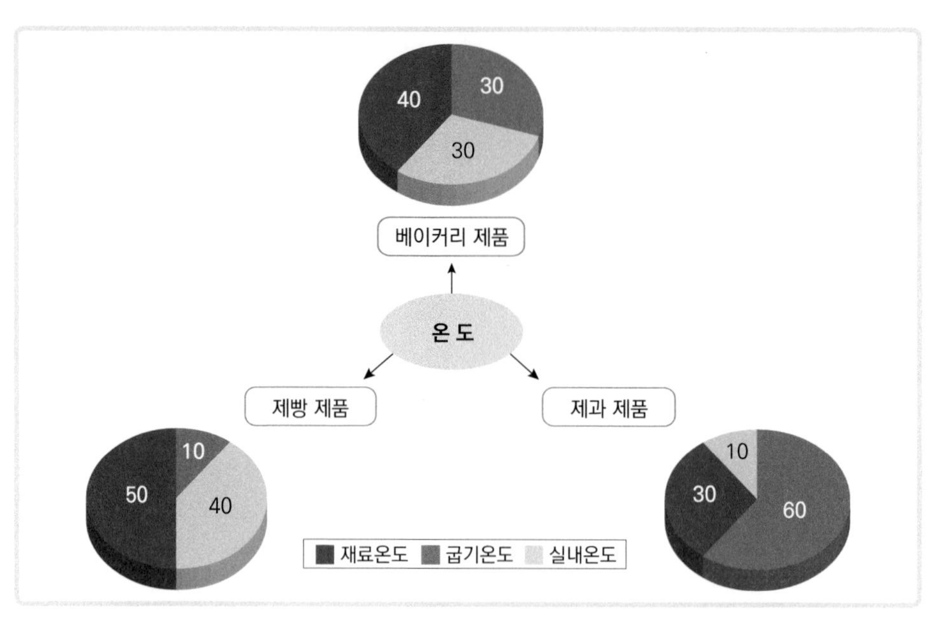

| 그림 2-7 | **제과제빵에서 온도의 중요성**

베이커리 생산에서 온도를 고려해야 하는 부분은 〈그림 2-7〉과 같이 사용하는 재료의 온도, 작업하는 실내온도, 그리고 굽는 온도로 나누어 볼 수 있다. 물론 제빵에서 발효실 온도가 중요하지 않다는 것은 아니고, 요즘엔 실내에서 발효를 하는 경우가 거의 없기 때문에 여기에서는 언급하지 않는다. 첫째, 베이커리 제품 전체를 놓고 봤을 때는, 아무래도 제품이 곧 판매와 직결되는 베이커리의 특성상, 최종적으로 굽는 온도가 40%로 가장 중요하고, 재료온도와 실내 작업온도는 비슷하게 30%씩으로 중요하다. 그러나 제빵과 제과 품목을 분리해서 생각한다면, 먼저, 제빵에서는 '제품이 곧 판매다' 하는 관점에서 최종적으로 굽는 온도가 50%로 가장 중요하고, 긴 작업 시간 동안에서 일어나는 반응들을 컨트롤할 수 있는 실내온도가 40% 가량으로 중요하다. 제빵과정이 하나하나 독립적으로 일어나는 것이 아니고, 연속적으로, 또 어떤 때는 중복적으로도 일어나는 것이기 때문에, 재료온도의 변화가 제빵의 처음 과정인 반죽의 변화에 영향을 줄 수밖에 없다. 제과에서는 거품을 내야 하는 재료가 계란이나 유지 정도로, 이 재료들의 거품성은 온도와 밀접하게 연관되기 때문에 재료의 온도가 60%로 매우 중요하고, 실내온도는 비교적 작업 시간이 짧기 때문에 10%, 굽기는 30%로 빵에 비해서는 중요성이 덜하다. 굽기에서 온

도가 너무 높아서 껍질 부분이 진해진다면, 빵은 판매가 불가능해지는 반면에, 스펀지 케이크는 껍질을 제거해서 제품을 만들고, 롤 케이크는 뒤집어서 말 수도 있으며, 파운드 케이크는 윗면을 잘라내어 조각으로 포장해서 팔 수도 있다.

빵 제품을 생산할 때 중요하게 생각해야 할 관점을 〈그림 2-8〉과 같이 정리해 보면, 제빵에서는 항상 이스트의 활동을 염두에 두어야 한다. 이것이 제품의 맛과 부드러움, 그리고 부피와 관련되기 때문이다. 두 번째로 제빵 공정의 시발점인, 반죽에서는 반죽온도를 맞추어야 한다. 세 번째로 전체 제빵 과정 중 어느 과정이 좋은 제품을 만들기 위해서 필요한 것인가를 생각해 보면, 제빵에서는 여러 공정들이 연속적으로 진행되기 때문에 각 공정마다의 목표를 잘 지키는 것이 가장 중요하다. 〈그림 2-8〉에서는 앞에서 말한 재료의 온도나, 실내온도, 굽기온도가 어떻게 관계는지를 알아 본다. 실선으로 진하게 표시된 것이 직접적인 영향을 받는 것이고, 점선으로 된 것은 간접적인 영향을 나타낸다. 재료의 온도는 제빵이나 제과 모두 직접적인 영향을 주게 되며, 실내온도는 제과에는 그다지 영향이 없지만 재료온도에 간접적인 영향을 줄 수도 있다. 제빵에서는 재료의 온도에 간접적인 영향을 줄 뿐만 아니라 반죽에도 그 영향이 있는데 이는 그다음 작업인 발효에 직접적인 영향을 미치므로, 제빵에서의 실내온도는 간접적이지만 중요하다고 볼 수 있다. 분할부터 팬닝에 이르는 정형 과정은 반죽이 건조되는 것과 직접적인 연관이 있으므로 실내온도가 매우 중요한 역할을 한다. 굽기온도는 제조과정의 마지막 단계인 굽기 과정에서만 직접적인 영향을 미친다. 결국, 그림 전체를 봤을 때 실선의 직접적인 영향도 중요하겠지만, 점선으로 표시된 것처럼 제빵의 모든 과정이 간접적인 영향을 받게 되므로 베이커리 생산에서의 온도 관리는 매우 중요하다.

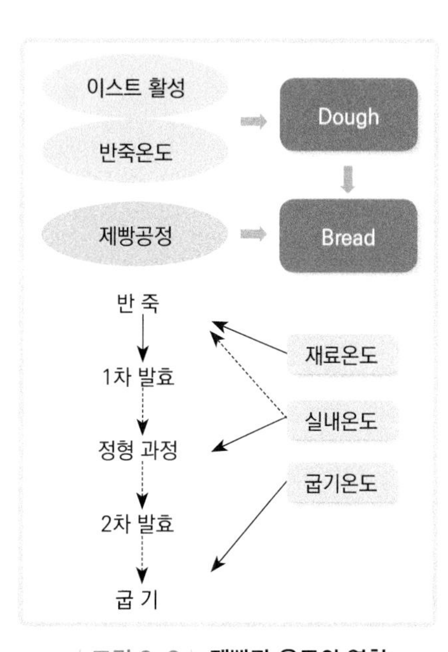

| 그림 2-8 | 제빵과 온도의 영향

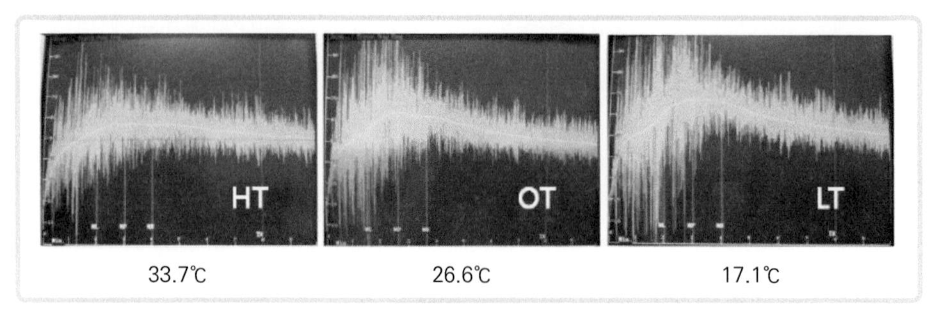

| 그림 2-9 | **믹소그래프 분석 결과**

〈그림 2-9〉는 믹소그래프(mixograph)라는 반죽 분석기기를 사용한 실험 결과이다. 한눈에 봐도 세 결과에서 폭의 변화나 형태가 다르게 나타난다. 믹소그래프는 굉장히 예민한 기계라 반죽온도를 미리 맞출 수는 없지만, 실제 반죽이 만들어진 온도를 측정해서 33.7℃의 높은 온도(HT, hot temperature), 26.6℃의 적절한 온도(OT, optimum temperature), 17.1℃의 낮은 온도(LT, low temperature)를 얻을 수 있다. 결과에서 반죽 시간은 실제로 업장에서 걸리는 시간이 아니라 단지 분석기기가 실행된 결과를 가지고 폭 가운데를 가상점으로 연결해서 가장 높은 곳까지 걸린 시간을 나타낸다. 결과에 의하면 반죽의 온도가 높거나 낮은 것보다는 가장 좋은 온도에서 가장 빨리 반죽을 마칠 수 있다. 그래서 최적의 반죽온도는 27-28℃라고 배웠던 것이다. 1차 발효 동안에는 반죽온도가 높아질수록 반응도 많이 일어나게 되어 반죽의 팽창도 크지만, 실제로 제품의 부피는 저온 반죽일 경우가 가장 좋은 것으로 나타난다. 그렇다고 무한정 저온이 좋은 것은 아니고, 실험에 의하면 25℃ 정도까지 좋아지는 것으로 나타난다. 그러나 이럴 경우 28℃의 반죽에 비해 반응이 늦으므로 반죽 시간이 많이 걸린다는 단점이 있다. 마지막으로 제품 껍질 색의 밝기는 저온일 때가 속 색깔이 더 밝은 것으로 나타난다.

2-7. 반죽의 온도 조절

실제로 많이 사용하고 있는 빵 반죽온도를 조절하는 방법을 보면 아래와 같다. 처음 두 방법은 일반적으로 반죽기의 성능이 다르다는 것을 무시하고 대충 사용하는 것이므로 정확하지는 않지만, 세 번째 있는 Pyler 박사의 방법은 공식을 만들어 실제에 가깝게 비교적 정확한 결과를 얻을 수 있다. 편의상 영어 약자로 되어있는 풀이들 중에서 마찰계수(FF, friction factor)가 있는데, 이것은 반죽 기계의 마찰계수를 말한다. 같은 회사에서 만든 반죽기라 할지라도 그 성능들은 다르기 때문에 각 기계들만의 마찰계수를 따로 구해야 되며, 쉽게 변하는 것이 아니기 때문에, 일반 업장에서는 1년에 한 번 정도 구해 놓고 사용하면 된다. 맨 먼저 외국의 협회에서 회원들에게 권하는 방법으로, 희망 반죽온도에서 밀가루 온도를 빼고 거기에 사용하는 물의 온도를 더하는 것이다. Cauvain과 Young 두 학자에 의해 제안된 방법은 사실 복잡한 공식이 필요없고, 단지 반죽온도를 1℃ 올리려면 물 온도를 2℃ 올리는 것이다. 세 번째에 있는 Pyler 박사가 고안한 방법은 가장 많이 사용하는 방법으로 기출문제로도 많이 출제되고 있다. 반죽기의 마찰 계수를 미리 구해 놓지 않

방법	공식
Federation of Bakers 방법	Cal. WT = (DDT−FT)+WT21℃
Cauvain and Young 방법	Cal. WT = 2×(DDT−DT)+WT 반죽 1℃ 증가에 물 2℃ 증가
Pyler 방법	FF = 3×DT−(RT+FT+WT) Cal. WT = 3×DDT−(RT+FT+FF)

WT(water temperature, 물 온도) **DT**(dough temperature, 반죽온도)
RT(room temperature, 실내온도) **FT**(flour temperature, 밀가루 온도)
FF(friction factor, 마찰계수) **DDT**(desired dough temperature, 희망 반죽온도)
Cal. WT(calculated water temperature, 필요한 물 온도)

았다면 먼저 마찰 계수를 구하고 나서, 원하는 물의 온도를 계산하는 두 번에 걸치는 방법이다. 괄호 안에 반죽온도와 관련되는 중요한 변수가 3개가 있으니까 앞에 있는 상수가 3이 되고, 제과에서는 계란이나 유지 등의 온도를 첨가해서 사용하는 재료만큼 상수만 달라진다. 그러나 제과에서 반죽온도까지 조절해서 쓰는 경우는 거의 드물다. 우선, 기계의 마찰계수를 구하자면, 가장 많이 사용하는 밀가루 온도, 변해야 할 물의 온도, 작업하는 환경의 실내온도, 이렇게 3가지 변수가 중요하게 작용하기 때문에 이 값들을 실제로 반죽을 마친 온도를 대입해서 구하게 된다. 필요한 물의 온도는, 마찰계수에 이미 물 온도가 반영되었기 때문에, 물을 빼고, 나머지 실내온도와 밀가루 온도를 원하는 반죽온도에서 빼준다. 이렇게 함으로써 추운 겨울이나 더운 여름에도 항상 일정한 품질을 유지할 수 있다.

앞에서 말한 세 가지 방법으로 계산해서 결과를 비교해 보면 다음과 같이 물의 온도가 서로 다르게 나오며, 각 방법들 간의 장단점이 나타난다. 다음은 실제 반죽온도(DT)가 26℃이고, 희망 반죽온도(DDT)가 28℃일 때 이 희망하는 반죽온도로 맞추기 위해서 사용해야 할 물의 온도(CWT)는 몇 도인가 하는 문제이다. 변수로 사용할 세 가지의 온도는 주어졌다.

문제 실제 반죽온도가 26℃이고, 희망 반죽온도는 28℃일 때에 필요한 물의 온도는 얼마인가? (실내온도 24℃, 물 온도 18℃, 밀가루 온도 20℃)

– by Federation of Bakers

Cal. WT = (DDT–FT)+WT

CWT = (28–20)+18 = **26℃**

– by Cauvain and Young

Cal. WT = 2×(DDT–DT)+WT

CWT = 2×(28–26)+18 = **22℃**

– by Pyler

FF = 3×DT–(RT+FT+WT)

Cal. WT = 3×DDT–(RT+FT+FF)

FF = 3×26–(24+20+18) = 16

CWT = 3×28–(24+20+16) = **24℃**

처음 협회에서 추천한 방법에서는 실내온도가 필요 없다. 실제 상황에서는 이렇게 계산에 필요 없는 변수들도 많이 있으므로 어떤 변수들을 사용해야 하는가부터 본인이 선택해야 한다. 계산은 희망 반죽온도 28℃에서 밀가루 온도 20℃를 빼고, 사용하는 물 온도 18℃를 더하면 26℃가 나온다. 두 번째 Cauvain과 Young 방법은 간단히 반죽온도를 2℃ 올려야 하니까 물 온도는 2배인 4℃를 올리게 되므로, 물 온도 18℃에 4℃를 더하면 22℃가 된다. 물론 공식에 대입해서 구해도 된다. 앞의 협회 방식과는 무려 4℃나 차이가 나는 것을 볼 수 있다. 사실, 반죽온도가 4℃나 차이 나면 발효나 그다음 공정들에서도 특성이 매우 달라진다. 마지막에 있는 Pyler 방식을 보면, 우선 마찰계수를 구해야 하니까, 실제 반죽온도 26℃를 3배 한 값(상수)에 실내온도, 밀가루 온도, 물 온도를 빼주면 된다. 마찰계수는 16이 나오는데 이 값은 단위가 없다. 그다음, 우리가 필요한 물 온도를 계산하는데, 희망 온도를 3배 한 값에서 물을 제외하고, 실내온도, 밀가루 온도, 그리고 마찰계수를 공식에 대입해서 풀어보면, 24℃의 물을 사용해서 반죽을 하면 28℃의 반죽을 만들 수 있는 것이다. 앞의 두 방법과 계산된 온도가 다르며, 이것이 가장 정확한 방법으로 알려져 있다. 빵 배합에서 가장 많이 들어가는 재료가 밀가루와 물인데 밀가루를 데울 수는 없을 것이다. 그리고 앞에서도 본 것처럼 실내온도는 모든 과정에 직간접으로 영향을 주는 것이니, 중요할 수밖에 없다.

겨울에야 물을 데워서 사용하면 되니까 별 문제가 없겠지만, 더운 여름에는 온도를 낮추자면 얼음을 사용하는 수밖에 없다. 물론, 사용하는 물을 냉장고에 저장해 놓고 사용하는 것도 손쉬운 방법이 될 수는 있다. 그러나 실제로 사용하는 물 온도가 계산해서 구한 필요한 물 온도(CWT)보다 높다면, 당연히 온도를 낮추기 위해서 얼음을 사용하는 것이다. 물론 〈표 2-1〉과 같이 간단한 표를 이용해서 쉽게 사용하는 방법도 있다. 표에서 가로에 나와 있는 온도는 사용하는 물의 온도이며, 세로에 표시된 것은 공식에 의해서 계산된 물의 온도를 나타낸다.

표 2-1 **얼음 환산표**

계산된 물 온도 \ 사용하는 물 온도	10℃	15.5℃	21℃
10℃	*	0.057	0.109
4.5℃	0.061	0.115	0.163
-1℃	0.122	0.172	0.217
-6.7℃	0.183	0.230	0.272
-12℃	0.244	0.287	0.326

출처: Baker's production manual 2005

사용하는 물의 온도가 10℃일 때, 계산된 물 온도가 똑같이 10℃라면 얼음을 구하는 계산은 필요가 없겠지만, 계산된 온도가 4.5℃라면 사용하는 물의 무게에 상수 0.061을 곱해서 그만큼 얼음을 넣고 얼음 무게만큼 뺀 물을 함께 사용하면 된다. 그러나 얼음은 물 무게의 30% 내에서 사용해야 한다는 조건이 붙어서 마지막의 −12℃ 경우에 21℃ 물을 사용한다면 이 결과는 맞지 않게 된다.

Pyler 방식은 아래에 있는 공식에 그대로 대입해서 비교적 쉽게 구할 수 있으며, 필요한 얼음 무게는 사용하는 물 무게에 물 온도의 차이를 구해서 곱하고, 사용하는 물 온도에 상수 80(화씨일 경우 112)을 더해서 나누면 된다. 그리고 실제로 반죽할 때에는 사용하고자 하는 전체 물의 무게에서 반드시 얼음 무게를 빼고 물을 집어넣으면 된다. 엄밀히 말하면 물과 얼음은 서로 비중이 다르기 때문에 같은 무게로 계산될 수는 없지만 제빵에서는 물과 얼음의 무게를 동일시한다. 즉, 물 1g이면 얼음 1g과 같다고 본다.

$$\text{얼음 무게} = \text{물 무게} \times \frac{(\text{물 온도} - \text{계산된 물 온도})}{\text{물 온도} + 80}$$

2-8. 반죽 방법

제빵에서 한 가지 제품을 만들기 위해서 사용하는 방법은 다양하다. 어떤 방법을 사용하느냐에 따라 빵 제품의 특성도 달라지기 때문에 직접법이다, 스펀지법이다 하는 것들도 중요하겠지만, '왜 이렇게 분류가 되는가' 하는 이유나 목적도 이해해야만 한다.

〈그림 2-10〉을 보면, 제빵에서 반죽법은 크게는 반죽을 한 번에 하느냐 아니면 두 번이나 여러 번에 걸쳐서 하느냐에 따라서 직접 반죽법(straight dough method), 스펀지 반죽법(sponge and dough method) 두 가지로 분류해 볼 수 있다. 여기서 도우(dough)는 재료들을 혼합하여 최종적으로 완성된 반죽을 말하는 것이며, 스펀지 반죽법은 처음에 만든 반죽을 스펀지(sponge), 그리고 나중에 만든 최종 반죽을 도우라 한다. 우리가 제과에서 말하는 스펀지와는 다르며, 단지 1차로 만든 빵 반죽 구조가 스펀지와 같이 생겼다 해서 그렇게 부르는 것이다.

〈그림 2-10〉의 가운데 칸을 보면, 직접 반죽법에도 여러 가지가 존재하여, 한

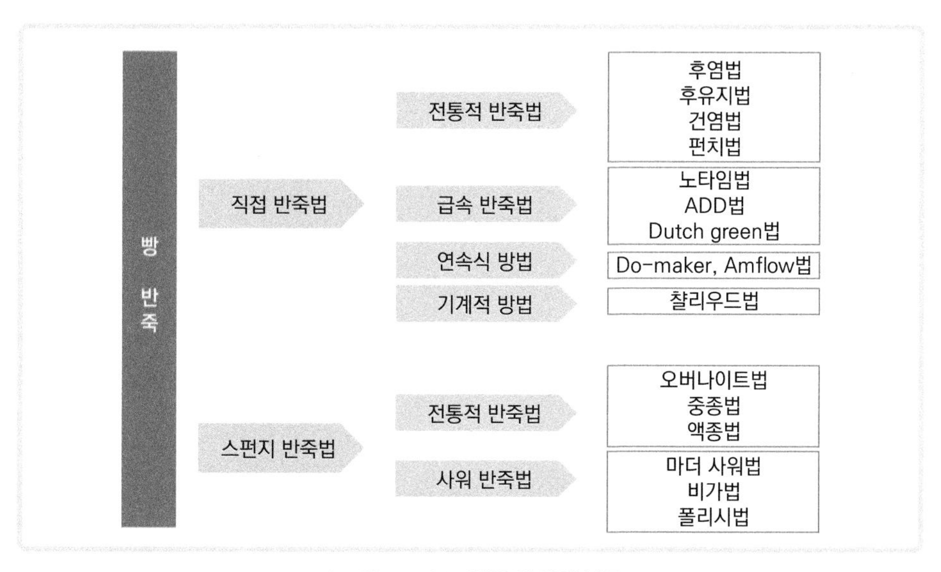

그림 2-10 | 반죽 방법의 분류

번에 그대로 만드는 전통적인(traditional) 방법이 있는가 하면, 급속(rapid) 반죽법은 화학적 첨가물의 도움을 받고, 연속식(continuos) 제빵법은 특별한 기계의 도움을 받는다. 마지막에 있는 기계적인(mechanical) 방법은 찰리우드(charleywood)법이라 해서, 아주 높은 효율의 진공 상태 반죽기를 이용하는 것으로, 옛날에는 많이 썼지만, 반죽기 자체가 워낙 크고 비싸서 지금은 영국의 대형 공장에서만 사용하고 있다. 앞서의 이론에 의하면 반죽의 목적 중에 중요한 것이 공기가 들어가는 건데 진공 상태라면 공기가 없으니까 빵이 될 수 있을까? 진공 상태의 기계를 만들려면 무척 힘들고, 만든다 해도 말은 진공 상태라 했지만 100% 진공 상태는 아니며 이런 상태에서도 충분한 공기가 공급될 수 있다.

〈그림 2-10〉의 맨 오른쪽 칸에 있는 것들은 앞에 분류된 방법들을 현장에서 실제로 사용하는 반죽법의 명칭이다. 소금을 나중에 넣는 후염법(Delayed salt method)과 유지를 나중에 넣는 후유지법(delayed shotening method)은 둘 다 반죽의 수화를 빨리하기 위한 방법이고, 건염법(dry salt method)은 다 된 반죽에 소금을 뿌리고 한 번 접어 넣어 발효시키는 것이다. 펀치(punch)는 사실 반죽 방법으로 분류하기에는 좀 안 맞지만 1차 발효를 돕기 위한 방법으로 발효 동안에 한두 번 섞어 주는 것으로 직접법에서만 하지 1차 발효가 덜 중요한 스펀지법에서는 하지 않는다. 급속 반죽법에서 노타임(no-time)법은 1차 발효를 거의 하지 않을 정도로 이스트를 많이 넣고 첨가제도 사용해서 제조 과정 시간을 단축시키는 목적으로 하며, ADD나 Dutch green법은 화학 첨가제의 도움을 받는 방법이다. 그다음 Do-maker법이나 Amflow법 같은 것들은 단지 그 기계를 사용했다 해서 붙여진 이름들이다.

스펀지법도 전통적인 방법과 요즘 많이 쓰는 사워 반죽(sour dough)법이 있으며, 이를 천연발효라고도 한다. 먼저, 스펀지법에서의 전통적인 방법은 1차 반죽(sponge)을 단단하게 만드느냐 혹은 물처럼 액체 상태로 만드느냐에 따라서 중종법, 액종법이라 구분한다. 물론, 지금은 시간 관계상 거의 사용하지 않고 있지만, 전날에 미리 단과자빵 반죽을 해 놓고 다음 날 일찍부터 작업을 하는 오버나이트(over-night) 방법도 전통적으로 많이 사용하는 방법이다. 취급이 까다로운 사워 반죽법을 이용하는 것과 비교하면 비교적 쉬운 방법으로 빵의 풍부한 향과 맛, 그리고 부드러운 질감도 얻을 수 있는 방법이기도 하다. 사워 방법에는 3가지가 있으며 마더사워(mother sour)법은 가장 전통적인 것으로서 만드는 데 대략 5일 정도가 걸린다. 그러다 보니 빨리 만들기 위해서 이스트를 약간 넣는 비가(biga)법과 이스트를 많이 넣어서 몇 시간 만에 만드는 폴리시(polish)법도 있다. 이스트를 첨가하지 않고 순수하게 천연발효를 시켜 만드는 마더 사워가 품질 면에서는 가장 뛰어나며, 폴리시의 경우에는 자칫 이스트의 이취가 발생할 수도 있다. 현재 가장 많이 사용하고 있는 방법은 비교적 쉬우면서도 결과가 좋은 비가법이다. 이렇게 옛날부터 해오던 다양한 반죽 방법들이 있지만 어떤 것들은 비교적 새로운 방법이며, 그중 하나가 최근에 유행하고 있는 밀가루의 전분을 미리 호화시켜서 반죽할 때 사용하는 탕종법이 있다. 사실 따지고 보면, 유럽에서는 오래 전부터 밀가루를 뜨거운 물에 익혀서 빵을 만들어 왔고, 중국에서도 끓여서 만드는 탕종이라는 방법이 있었다.

2-9.
밀가루로 인한 증상

가끔 빵 같은 밀가루 음식을 먹으면 속이 더부룩한 경우가 있다. 가끔 가다 '우리 제과점 빵을 먹으면 소화도 잘되고, 더부룩하지 않다'고 하는 빵집들이 있지만 이것은 사실과는 좀 거리가 있다. 사실, 밀가루로 인해서 이상한 증상이 나타나는 경우는 〈그림 2-11〉에서 보듯이 세 가지가 있는데, 이 중에서도 셀리악 질병(celiac, coeliac disease)은 밀가루의 글루텐으로 인해서 생기며 유전적인 병으로 개인의 면역 체계 문제로 발생한다. 이 질병이 나타나는 경우는 극히 제한적이며 밝혀내기도 어렵다. 이 병의 치료법은 지금까지는 없는 것으로 알려져 있으며, 단지 글루텐이 들어간 것을 먹지 않는 수밖에 없다. 나머지 증상들은 질병이라기보다는 밀가루로 인해 나타나는 가벼운 증상이라 할 수 있다. 가장 많이 일어나는 증상은 그림의 오른쪽에 분류된 글루텐 민감성으로 글루텐에 예민한 정도로 배가 살살 아프거나 가벼운 발진이 일어난다. 그보다 적은 경우가 밀가루 알레르기가 있는 경우이다. 밀가루 알레르기란 밀가루 냄새를 맡으면 재채기를 하는 것이다. 요즘 너도나도 '글

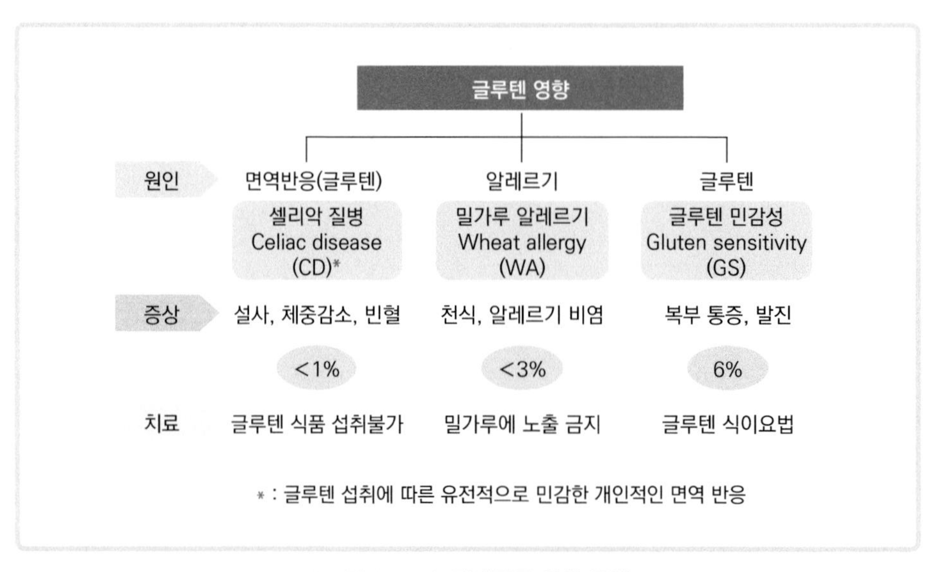

그림 2-11 **밀가루로 인한 증상**

루텐 프리 빵'이라 만들어 판매하려고 하지만, 미국에서 〈그림 2-11〉의 증상을 보이는 사람들의 비율을 보면 꼭 모든 빵집에서 글루텐 프리 빵을 만들어야 하는 것은 아니다. 우리나라 인구를 5천만 명이라 가정하고 대입해 보면, 글루텐 민감성을 가진 사람이 6%이므로 우리나라로 치면 300만 명 정도가 되고, 밀가루 알레르기라면 150만 명이 된다. 그리고 셀리악 질병을 가진 사람들이 한 50만 명 정도가 될 것이다. 그러나 미국 사람들에게는 옛날부터 빵이 주식이고 우리나라 경우는 아니니, 우리나라에서의 빵 소비는 미국의 1/10도 안 될 것이다. 따라서 실질적으로 남녀노소 모두 합쳐서 전국에 5만 명도 되지 않는 사람들을 위해서 모든 빵집들이 너도나도 글루텐 프리 빵을 만들어야 할 필요는 없으며, 아주 크거나 특수한 빵집 정도에서만 만들어도 충분하다. 이 셀리악 질병을 검사하기 위한 방법이 매우 까다로운 점도 있겠지만, 아직까지 국내에서 발생했다는 케이스의 논문은 지금까지 딱 한 편만 봤고, 그것도 확신이 아니라 그 병이 아닌가 하는 추론으로 결론을 맺은 것이었다. 우유를 마시면 속이 안 좋은 사람도 많이 있지만, 그 사람들의 경우라도 우유의 양을 조절한다거나 해서 점점 나중에는 우유를 정상적으로도 먹을 수 있게 된다. 마찬가지로 밀가루로 인한 증상으로 속이 거북하다면, 처음에는 조금씩 섭취하다가 점차 양을 늘려간다면 나중에는 대부분 괜찮아진다. 그래서 사람들이 호밀빵도 찾고, 천연발효빵도 먹는 것이다. 호밀빵을 먹으니까 속이 괜찮다가 아니라 그만큼 사용하는 밀가루의 양이 적은 것이다. 또한 오랜 시간 동안의 천연발효를 통해서 일어나는 분해 반응은 단백질인 글루텐과는 전혀 상관이 없으며, 천연발효를 통해서 얻을 수 있는 풍부한 향과 부드러운 질감으로 인해서 소비자들이 먹기에 좋다고 생각하는 것이다. 물론, 천연발효를 통해서 만들어진 빵이 콜레스테롤 저하나 심장병과 같은 성인병에 뛰어난 예방 효과를 본다고 하는 실험들이 있지만 이러한 사항들은 밀가루로 인해 나타나는 증상과는 다른 관점일 뿐이다. 더욱이 미국산 밀가루가 아니라고 더부룩하지 않다고 홍보하는 경우가 많지만 미국산이나 캐나다산, 호주산 모두 밀가루는 밀가루이고, 어떤 종류의 밀가루이든지 간에 밀가루로는 글루텐이 만들어진다. 또한 이런 잘못된 지식의 습득으로 인해 어린 자녀들에게까지 빵이나 국수 등과 같은 밀가루 식품을 먹이지 않는 경우도 보지만 이는 영양의 불균형을 초래할 뿐이다. 비만인 사람들에게 밀가루 식품을 자제하라고 권고하는 의사들을 가끔 보지만 이는 한 가지 사항만을 두고 말하는 것일 뿐이다. 살찌는 주요 요인으로는 과다한 탄수화물의 섭취에 있으며, 우리나라의 경우에는 주식인 밥이 있기 때문에 식사량을 조절하라고 권고하는 것이 맞다고 본다. 물론, 설탕이나 유지가 들어가는 면에서 빵이 밥보다는 열량이 높겠지만 '무조건 빵은 먹지 마라' 하는 식이 되어서는 올바른 권고가 될 수 없다. 특히 아침 식사를 거르는 젊은이들이 많은 요즈음에는 전날에 남은 밥이나 국을 대신해서 채소나 과일을 곁들인 빵 식사야말로 건강을 챙길 수 있는 좋은 방법이라 할 수 있다.

2-10. 발효의 원리

1859년 루이 파스퇴르는 빵이 이스트 때문에 부푼다는 것을 알아냈다. 그전까지 사람들은 빵을 만들면서도 무엇 때문에 빵 반죽이 부푸는가를 몰랐다. 따라서 빵이 매우 과학적이라는 것을 알게 되고, 짧은 시간에 많은 연구가 진행되어 왔으며, 1970년대에 벌써 많은 기본적인 이론들이 완성되었다. 발효(fermentation)는 제빵 과정에서 일어나는 전체 발효, 즉 실제 일어나는 발효를 말할 때도 있지만, 제빵에서 말할 때는 대부분 1차 발효를 말한다. 따라서 외국 서적들을 볼 때에는 앞뒤 문장을 잘 이해하여 전체 발효를 말하는지, 아니면 1차 발효를 말하는지를 잘 판단해야 한다.

실제로 발효는 반죽 후반부터 이스트가 물과 만나면 시작되고, 오븐에서 초기에 열에 의해서 이스트가 죽게 되면 끝난다. 그러나 1차 발효는 반죽이 완전히 끝난 단계에서부터를 말하며, 다음 정형 과정에서 분할하기 전까지를 말한다. 그래서 1차 발효를 뜻하는 단어로는 fermentation, baker's fermentation, 1st fermentation 등을 사용하며, 2차 발효를 말할 때 쓰는 프루핑(proofing)이란 단어를 발효라고 해석하는 경우도 있어서, 이럴 때는 1차 발효를 1st proofing이라고도 한다.

〈그림 2-12〉는 발효의 개요로, 이스트가 발효되면서 나타나는 결과는 이스트의 종류나, 반죽 내부의 요인들, 그리고 외부 환경에 의해서 달라진다. 현재 이스트는 600가지 이상으로 많은 종류들이 발견되어 있지만 실제로 제빵에 사용될 수 있는 이스트의 종류는 극히 제한적이며, 각각의 종류마다 나타는 결과가 다르기 때문에 제빵용 이스트를 만들 때에는 두 가지 이상의 배양균을 이용하거나 냉동 온도에서도 견딜 수 있도록 유전 인자를 가미하기도 하며, 사용에 편리한 여러 형태로 만들기도 한다.

반죽 내부 요인에서 설탕은 이스트가 발효하는 데에 필요한 탄수화물을 공급하므로 발효가 잘 되어서 생성되는 물질들도 많아진다. 한편, 소금은 삼투압 때문에 이스트 내에 있는 수분을 빨아들여서 이스트 활성이 감소되고, 광물질들은 이스트

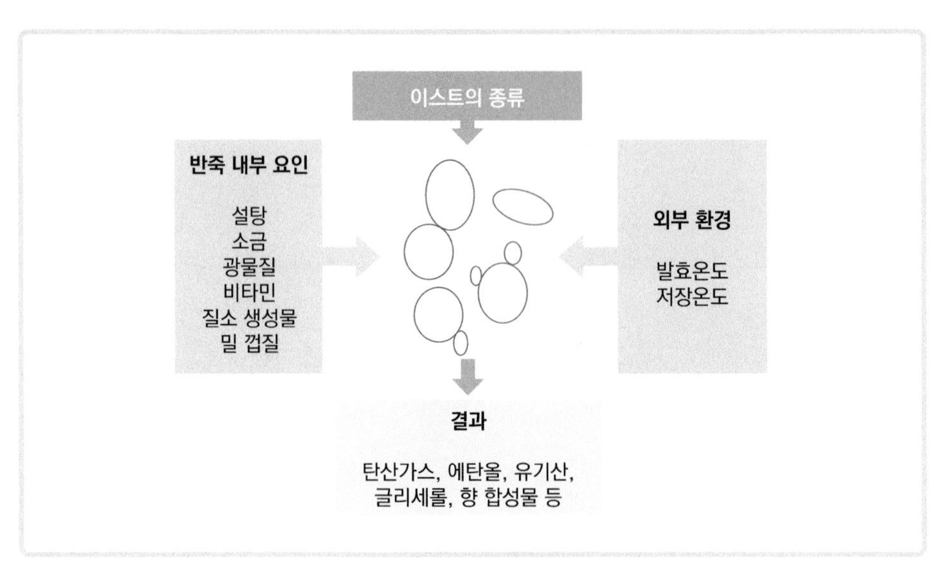

| 그림 2-12 | **발효의 개요**

가 좋아하는 재료이며, 비타민은 반죽을 좋게 해서 가스 보유력을 높일 수 있다. 공기의 대부분은 질소이기 때문에 화학적인 반응에 의해서 질소를 만들어 낼 수 있는 재료들도 영향을 미치게 된다. 또한 밀의 껍질은 입자가 날카롭기 때문에 반죽을 잘 찢어서 나쁜 영향을 주며, 껍질을 아주 고운 입자로 만들어 사용한다면 그 속에 있는 당이나 효소, 광물질들이 발효에 좋은 영향을 미치기도 한다.

외부 환경에서, 1차 발효실의 온도나 습도 같은 조건은 당연히 발효에 영향을 미치며, 이스트의 저장온도도 중요하다. 이스트는 살아 있는 재료이므로 보통 냉장고에서 보관하기 때문에 이스트가 너무 차가우면 활성이 부족해지며, 권장하지는 않지만, 이럴 경우에는 따뜻한 물에 미리 이스트를 풀어서 사용하는 것도 한 방법이 될 수 있다. 이처럼 여러 가지 요인들로 인해서 만들어지는 탄산가스나 유기산과 향 생성 물질 등은 발효과정에서 얻을 수 있는 중요한 결과물이다.

1차 발효 과정을 처음부터 끝까지 보면 〈그림 2-13〉과 같으며, 반죽 과정에서와는 달리 발효에 필요한 것은 탄수화물이지, 단백질이 아니다. 그래서 밀가루에 가장 많이 들어있는 탄수화물, 즉 전분을 이용하는 것이다. 그렇다고 모든 전분이 다 발효에 사용되는 것은 아니며, 밀을 제분하는 과정에서 깨진 전분들이 사용

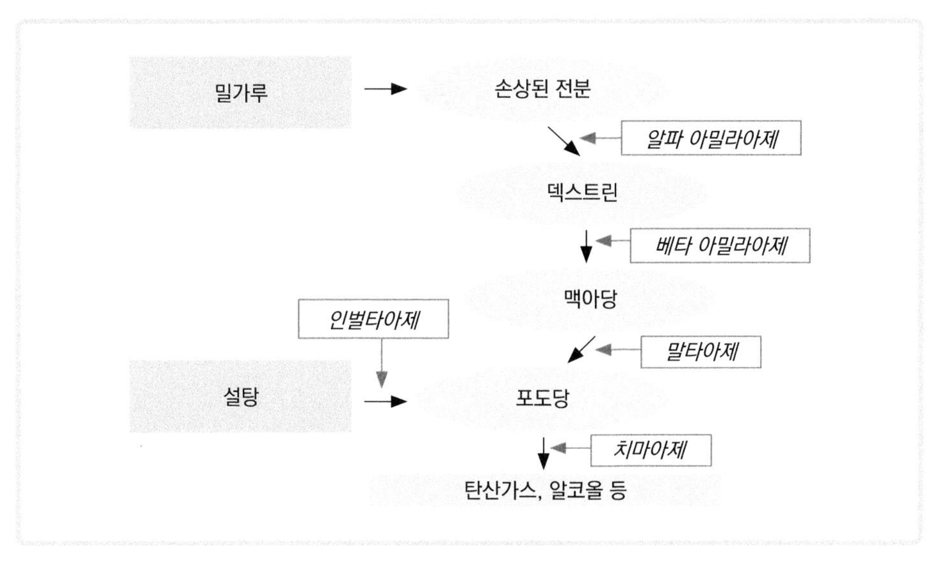

| 그림 2-13 | **발효 과정**

된다. 이것을 손상 전분이라 한다. 기본적으로 왼쪽부터 화살표를 따라 있는 탄수화물 즉, 손상된 전분(damaged starch), 덱스트린(dextrin), 맥아당(maltose), 포도당(glucose)은 모두 포도당들이 연결된 것이다. 단지, 포도당이 몇 개가 붙어 있는가에 따라서, 긴 포도당 사슬인 전분을 15개 정도씩 자른 것이 덱스트린이고, 포도당 2개로 되어 있는 것이 맥아당이다. 그리고 박스 속에 있는 탄수화물 분해 효소들은 한 가지 작업만 할 수 있는 특이성이 있으므로 알파 아밀라아제는 손상된 전분을 덱스트린으로 바꾸고, 베타 아밀라아제는 덱스트린을 맥아당으로만 바꿀 수 있다.

아래에 있는 설탕은 포도당과 과당이 결합된 것으로 이스트에 있는 인벌타아제라는 효소가 작용하여 포도당을 만들고, 또 이스트에 있는 치마아제라는 효소가 포도당을 분해해서 발효의 결과물들인 탄산가스와 알코올 등을 만들어 내게 된다. 이런 효소들 중에서 알파 아밀라아제나 베타 아밀라아제는 밀가루 자체에 있는 것이며, 나머지는 대부분 이스트에 들어 있다. 보통, 빵을 만들 때는 설탕이 들어가니까 그림과 같은 발효 과정들이 전부 일어나지만, 설탕이 들어가지 않는 바게트 종류의 제품을 만들 때에는 설탕으로 인한 분해 과정이 없으므로 발효하는 데에 시간이 많이 걸리게 된다.

결국, 발효 과정은 이스트가 물과 같은 다른 재료들과 혼합되는 반죽 과정에서부터 굽기 과정의 초기에 이스트가 불활성화 될 때까지 여러 부산물들을 생산하는 것이며, 1차 발효 과정에서 일어나는 반죽의 내부 온도 증가는 물질들 간에 전달되는 전도열에 의해서 일어나기 때문에 1차 발효 과정은 비교적 천천히 일어나게 된다.

2-11. 발효의 화학 반응

발효 과정이란 기본적으로는 탄수화물인 포도당이 분해되어 탄산가스와 알코올 등을 생성하는 것이며, 실제로 빵 반죽에 나타나는 반응은 혼합할 때에 들어가게 되는 공기 속 산소의 유무에 따라서 달라진다. 이스트는 산소가 없는 염기성 상태와 산소가 있는 호기성 상태에서도 발효가 되고, 각각 그 상태마다 일어나는 결과는 〈그림 2-14〉에서와 같이 다르게 나타난다.

반죽에는 산소가 있으므로 당연히 산소가 있는 호기성 상태의 발효가 먼저 진행되며, 효소가 포도당과 산소를 이용해서 반응을 일으켜 물과 탄산가스를 만들어 낸다. 그리고 반죽 내에 있던 산소를 다 이용한 후에도 탄산가스는 계속 발생하므로 반죽에 존재하는 기공으로 들어가서 반죽이 팽창할 수 있는 능력이 생기게 된다. 기공 속의 기체상태가 과포화 상태에 이르러서는 반죽 내에 있는 수분에 녹아들어 발효된 반죽을 산성으로 만든다. 그래서 발효를 끝내면 발효 시간에 따라서 달라지겠지만, 반죽의 pH가 5.5인 것이 pH 4.7까지도 떨어진다. 이때부터는 산소가 없는 염기성 상태에서의 발효가 진행되며, 염기성 상태에서는 물 대신에 2분자의 알코올이 나오고 2분자의 탄산가스가 발생한다. 그러나 발생되는 탄산가스의 양을 비교해 보면, 염기성 상태보다 산소가 있는 호기성 상태에서 더 많은 6분자의 탄산가

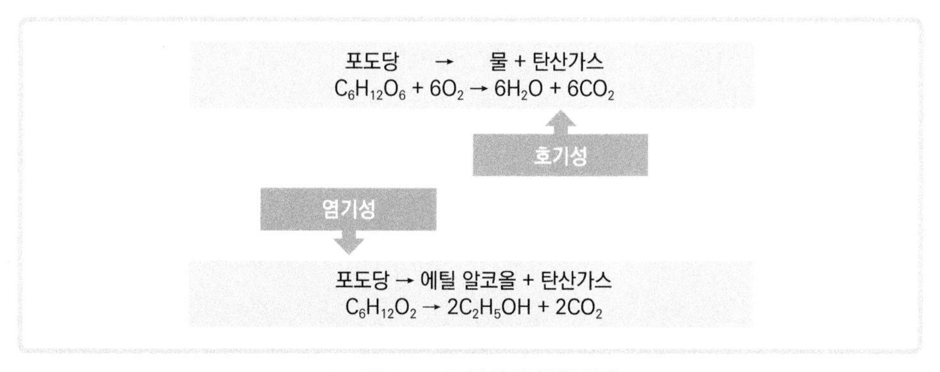

그림 2-14 | **발효의 화학 반응**

스가 발생된다. 따라서 1차 발효에서 이스트는 반죽 속에 있는 산소를 먼저 사용하고, 산소가 없는 상태에서 알코올과 향 물질들이 생산된다. 일반적으로 알려진 이스트의 발효 반응은 염기성 상태에 해당하며, 그 결과로 열도 발생하여 처음보다는 반죽의 온도가 높아진다. 그리고 화학 반응은 온도에 따라 반응 속도가 달라지는데 발효 초기에 천천히 진행되다가 후반부에는 급격하게 진행된다. 보통은 천연발효하는 데 시간이 많이 걸리므로 처음에는 호기성 상태에서 반죽의 부피가 많이 커지고, 나중에는 염기성 상태에서 그만큼 좋은 향들이 많이 생기며, 발효의 생성물인 유기산들로 인해서 글루텐도 좋아져서 부드럽고 맛있는 빵이 된다.

최종 발효에 필요한 포도당을 많이 만들려면 처음부터 필요한 손상된 전분이 많아야 그만큼 마지막에 나오는 탄산가스도 많아진다. 하지만 손상된 전분은 물을 너무 많이 흡수하기 때문에 밀을 밀가루로 제분하는 과정에서 생기는 양만으로도 충분하다. 그렇다면, 그다음은 덱스트린을 많이 만들면 되는데, 이 분해 작용을 하는 알파 아밀라아제는 베타 아밀라아제와 마찬가지로 밀가루에 들어 있다. 그러나 베타 아밀라아제도 밀가루에 있는 양이면 충분하기 때문에 밀가루에서 부족한 알파 아밀라아제 효소를 개량제로 사용하기도 한다. 그래서 이스트에 있는 효소가 맥아당을 포도당으로, 또는 탄산가스나 여러 유기산들을 많이 만들 수 있다. 또한 점성을 나타내는 황화수소기(–SH)와 탄성을 나타내는 이황화 결합(–SS–)의 적절한 재배치가 발효 과정에서 일어나며, 점성이 너무 강하면 반죽이 부드러워 잘 늘어나겠지만 동시에 가스도 많이 빠져나가게 되고, 탄성이 너무 강하면 반죽이 잘 부풀지 않으니 이 둘의 알맞은 조합이 1차 발효 동안에 필요하게 된다. 즉, 제빵에서는 가스 생성력뿐만 아니라 가스 보유력도 중요하게 생각해야 하며, 화학 반응에 따라 생겨나는 물리적 변화도 고려해야만 한다.

2-12.
가스의 생성과 보유

〈그림 2-15〉는 제빵 과정에서 공기나 가스가 어떻게 반죽이나 제품에 있게 되는가를 나타낸 것으로, 공기의 흐름이 제빵과 제과가 서로 다르다는 것과 이런 공기를 어떻게 관리해야 하는지 알 수 있다.

대기 중의 공기는 질소와 산소가 약 78 대 20 정도로 구성되어 있으며, 나머지는 다른 기체들로 구성되어 있다. 제빵에서는 발효 과정에서 산소가 이스트에 의해 소모되어 실제로는 1차 발효 중간 이후부터 굽기에서 제품이 완성될 때까지는 없으며, 탄산가스가 이를 대체하여 기공 속에 존재하게 된다. 또, 제과에서 베이킹파우더를 사용하는 경우 탄산가스가 발생하지만, 탄산가스는 케이크 반죽의 기공이 약하기 때문에 굽기 전까지는 빵에 비해서 영향을 미치지 않는다. 따라서 제빵에서 발효가 얼마나 중요한지 알 수 있다.

각각의 과정에 따른 공기의 비율은 믹싱 단계에서 빵 반죽에는 5-10%의 기공이 있고, 케이크 반죽에는 25-40%의 기공이 있으므로 케이크 반죽 시 거품 형성은 매우 중요하다. 또 제빵에서 발효가 끝난 반죽은 약 70-75%의 기공이 나타나서 스펀지 구조를 볼 수 있지만, 케이크 반죽은 반죽 시 생성되는 기공이 전부라 할 수 있다. 그러니 어렵게 만들어 놓은 기공을

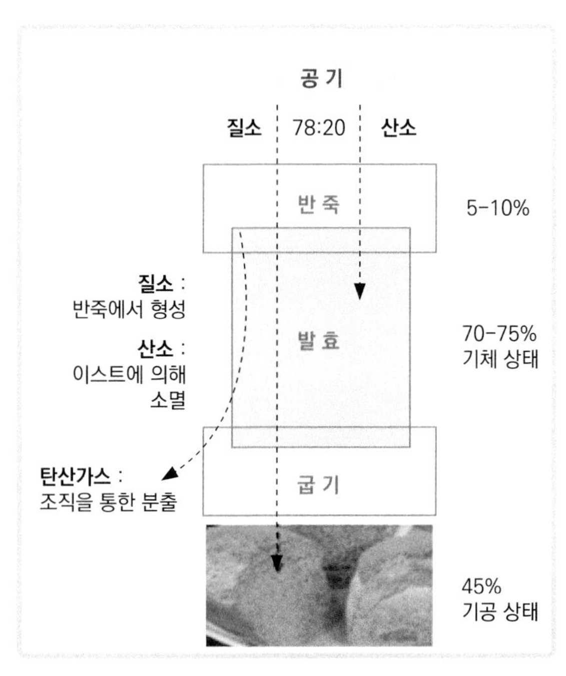

그림 2-15 제빵에서 공기의 흐름

팬닝 과정에서 잃어버린다면 얼마나 제품이 잘못될 것인를 상상할 수 있을 것이다. 마지막으로는, 빵이나 케이크 모두 완성된 제품에는 약 45%의 공기를 함유하고 있지만, 특히 케이크 제품들은 제품마다 거품 형성의 주체가 다르기 때문에 기공의 크기나 숫자로 잘잘못을 따질 수는 없다. 가령, 스펀지 케이크의 기공은 쉽게 관찰할 수 있는 반면, 파운드 케이크의 기공을 관찰하기란 어렵기 때문이다.

지금까지 반죽에서부터 완성된 제품에 이르기까지의 기체 흐름을 살펴보았다. 결론부터 말하자면 제빵에서는 가스 생성뿐만 아니라 가스 보유력도 중요하다. 가스 생성력과 보유력에 영향을 미치는 공정과 재료들을 살펴보면 〈그림 2-16〉과 같이 나타난다. 일반적으로, 가스 생성력은 대부분 발효 시간이나 이스트 상태와 관련되고, 가스 보유력은 공정이나 재료의 사용에 따라 영향을 받게 되지만, 그림에서는 이 두 가지 요인들이 어떻게 작용하며, 결과적으로 가스 생성력이나 보유력에 어느 정도 영향을 미치는가를 보여 준다. 우선 공정을 보면, 반죽의 발전이 잘 되면 반죽이 잘 늘어날 수 있으므로 가스 보유력은 긍정적인(+) 효과를 나타낸다. 그리고 발효온도가 높으면 화학 반응은 빨리 일어나서 가스 생성력은 좋아지겠지만, 약해진 반죽이 너무 빨리 부풀어서 가스 보유력에는 부정적인(−) 효과가 나타난다. 또, 물 사용량이 많으면 효소 활성에 도움을 주어 가스 생성력은 좋아지지만 반죽이 질어지므로 가스 보유력은 나빠진다. 재료에서 설탕(5% 이상)은 삼투압 작용으로 인해

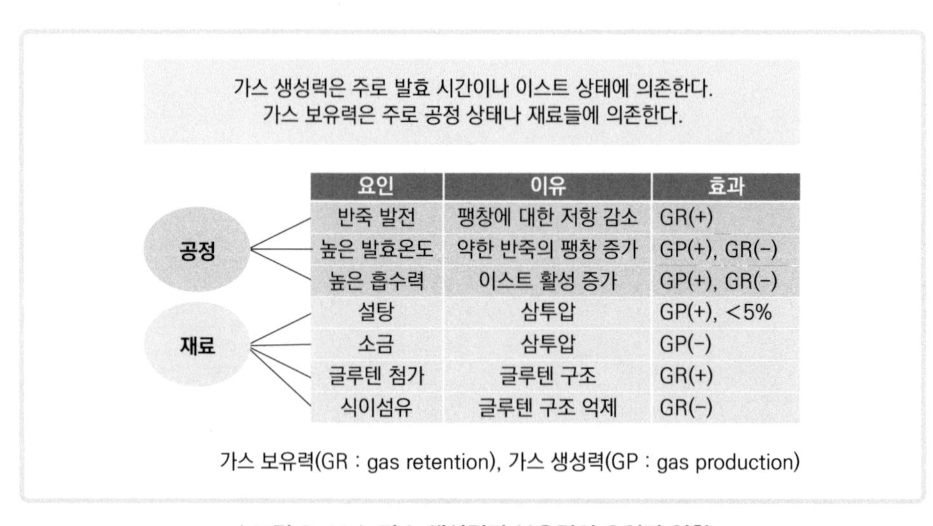
가스 생성력은 주로 발효 시간이나 이스트 상태에 의존한다.
가스 보유력은 주로 공정 상태나 재료들에 의존한다.

구분	요인	이유	효과
공정	반죽 발전	팽창에 대한 저항 감소	GR(+)
공정	높은 발효온도	약한 반죽의 팽창 증가	GP(+), GR(-)
공정	높은 흡수력	이스트 활성 증가	GP(+), GR(-)
재료	설탕	삼투압	GP(+), <5%
재료	소금	삼투압	GP(-)
재료	글루텐 첨가	글루텐 구조	GR(+)
재료	식이섬유	글루텐 구조 억제	GR(-)

가스 보유력(GR : gas retention), 가스 생성력(GP : gas production)

그림 2-16 **가스 생성력과 보유력의 요인과 영향**

서 이스트의 활성을 감소시키는 원인이 되어 가스 생성력이 나빠진다. 물론, 설탕을 5% 이하로 사용하면 이스트의 활성을 위한 탄수화물의 공급처로 역할을 하므로 가스 생성력은 좋아지는 것으로 나타난다. 소금의 경우에는 설탕보다도 삼투압 작용이 매우 강하기 때문에 이스트 내의 수분을 빨아들여서 이스트의 활성을 저하시키는 요인이 된다. 따라서 가스 생성력이 급격히 낮아지며, 이는 재료 혼합 시에 소금을 이스트와 같이 넣지 않는 이유가 되기도 한다. 글루텐 첨가는 글루텐 함량이 부족한 곡류의 가루를 사용하는 제품들에서 글루텐 구조를 도와주어 가스 보유력이 좋아진다. 대부분의 식이섬유는 글루텐 구조 결성을 방해하여 가스 보유력이 나빠진다.

결국, 제빵 과정은 어떠한 방법을 사용해서라도 가스를 최대한 생성하고 반죽 속에 있는 공기가 빠져 나가지 않도록 세심한 주의를 기울이며, 굽기를 마쳐 제품을 만들게 된다. 따라서 1차 발효가 끝난 반죽에 충격을 가한다거나 큰 기공들을 배제하기 위해서 밀대로 공기를 뺄 때에도 제품의 특성에 맞도록 해야 한다.

2-13.
기공의 형태

제빵 과정에서 가스의 생성과 보유로 인해서 만들어지는 기공은 제품의 품질에도 영향을 주지만, 빵집의 이익과도 직접적으로 연관이 있다. 다시 말하면, 빵 제품에는 공기가 상당한 부분을 차지하니까 공짜인 공기를 잘만 다룬다면 큰 이익을 본다. 가령, 식빵의 45%는 공기이고, 스펀지 케이크는 또 어떠한가. 베이커리에서 비싸게 팔고 있는 생크림 같은 경우 크림의 2–3배는 공기일 것이다. 당연히 돈을 벌 수밖에 없으니, 그래서 제과제빵을 하는 것이다. 제빵과정에서의 공기 기포의 흐름을 보면 〈그림 2–17〉과 같다. 먼저, 반죽 과정에서 들어가는 작은 공기들은 서로 가까이 붙으면 하나로 합쳐져서 큰 기공이 되고, 또 돌아가는 반죽기의 날에 의해서 잘게 부서지기도 해서 반죽하는 동안에 공기 기공의 개수가 기하급수적으로 늘어나게 된다. 반죽하는 동안에는 아무리 저속이라 해도 1분에 100번 이상은 회전이 되고, 중속이면 200번 이상 돌아가며, 반죽하는 시간이 적어도 12분은 되므로 상당히 많은 공기가 들어가고 또 부서지게 된다. 이러한 결과로 인해 발효되지 않은 반

그림 2–17 **제빵 과정에서 기공의 변화**

죽의 경우, 10−100μm 크기의 아주 작은 기공이 1mm^2당 102−105개 정도 만들어진다. 그리고 1차 발효하는 과정에서 기공이 커지는데, 필요한 경우 펀치(punch)를 하면 기공이 고르게 부서졌다가 다시 커진다. 그다음 단계인 정형 과정에서는 각 단계마다 이런 적어졌다가 다시 많아지는 과정들이 반복되고, 2차 발효 동안에는 기공들이 계속 커진다. 그리고 마지막 굽기에서 초기에는 높은 열로 인한 기공 내부의 압력 변화와 이스트의 활성으로 인해서 기공들이 커지지만 곧 열에 의해 굳어서 기공의 크기가 결정된다.

완성된 식빵의 기공 형태는 〈그림 2−18〉에서 보듯이 원형이 아니라 약간 타원형이다. 반죽부터 시작해서 팬에 담을 때까지는 반죽이 팽창할 때 나갈 수 있는 방향이 사방이기 때문에 비교적 원형에 가깝지만 팬에 담았을 경우에는 한 쪽 방향, 즉 위로만 팽창하여 이전까지는 원형이었던 기공의 모양이 2차 발효를 지나면서 점점 길쭉한 타원형이 되고, 이 형태가 굽는 동안에 굳어진다. 실제로 식빵의 구조를 보면, 부분적으로 결정화(호화)된 전분이 글루텐 단백질에 근거한 연속성의 고분자 망상구조로 연결되어 있으며, 나머지 큰 부분은 공기로 되어있는 기공이 약 45%를 차지한다. 따라서 글루텐이 호화 전분을 연결하여 빵의 구조를 이루고, 기공에 의해서 폭신함을 느낄 수 있는 것이다. 중간 발효를 마친 반죽은 둥그런 상태로 커지게 되지만 그 속에는 작은 기공뿐만 아니라 큰 기공들도 있으며, 아주 큰 기공들(ugly)은 밀어펴기나 성형 실수에 의해서 만들어진다.

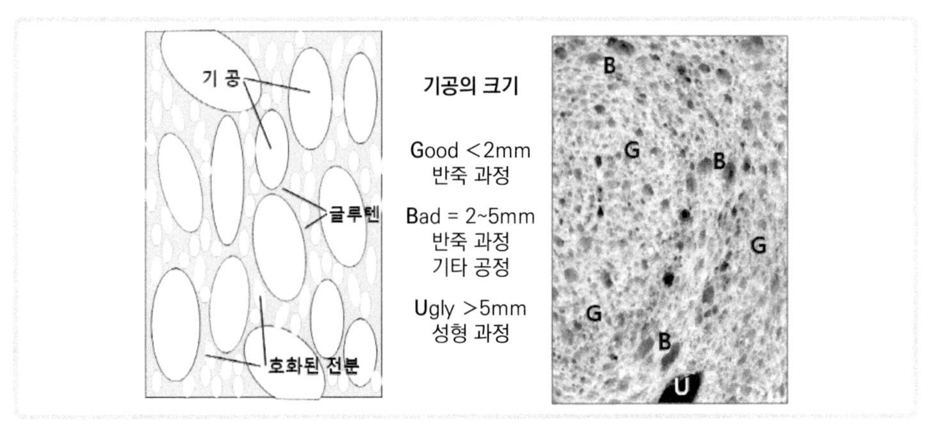

| 그림 2−18 | **식빵의 기공 형태**

2-14. 정형 과정의 목적

정형 과정은 1차 발효를 끝내고, 한 덩어리의 큰 반죽을 제품에 맞게끔 분할하는 단계부터 원하는 모양으로 만드는 성형 단계까지를 말한다. 물론, 경우에 따라서 식빵과 같이 모양을 유지하기 위해서 틀을 사용하거나 단과자빵과 같이 그냥 팬에 놓는 경우에는 이 작업까지도 포함된다. 따라서 〈그림 2-19〉와 같이 1차 발효가 끝난 시점부터 발효된 하나의 커다란 반죽 덩어리를 이용해서 모양을 만들어 2차 발효를 시작하기 전까지의 단계를 정형(make-up) 과정이라 한다. 제품의 모양을 만드는 성형 작업도 이 과정의 일부분일 뿐이다.

정형 과정은 분할, 둥글리기, 중간 발효, 밀어펴기, 성형, 팬닝 등 6가지 단계가 있다. 이 과정에서는 특별한 이론이 있는 것은 아니지만, 모든 단계마다 각 과정들이 요구하는 목적이 있으며, 그 목적만 달성된다면 시간은 그리 필요가 없는 것이다. 가령, 분할(dividing)은 각 제품들마다 필요한 무게가 있으므로 분할하다 보니 잘린 면을 통해서 가스가 빠져 나간다. 따라서 다음 작업인 둥글리기(rounding)는 다시 글루텐 막을 만들어 주는 데 목적이 있다. 이 작업은 보통 둥그렇게 말기 때문에 둥글리기라 한다. 그리고 분할하고 둥글리기 하는 중에 반죽에 힘을 가하게 되어 글루텐이 점차 발전되므로 그다음 작업인 밀어펴기(sheeting) 때 반죽을 잘 밀어 필 수 없게 된다. 따라서 그 전에 중간 발효를 통해서 반죽으로 하여금 휴식 시간을 주어 다시 잘 밀릴 수 있도록 하는 것이다. 중간 발효(intermediate proofing)도 발효이므로 당연히 가스가 발생되며, 가스들의 특성으로 조그만 기공들이 서로 커지면 하나로 합쳐져서 더 큰 기공이 되기 때문에 밀어 펴기를 통해서 반죽 속에 있는

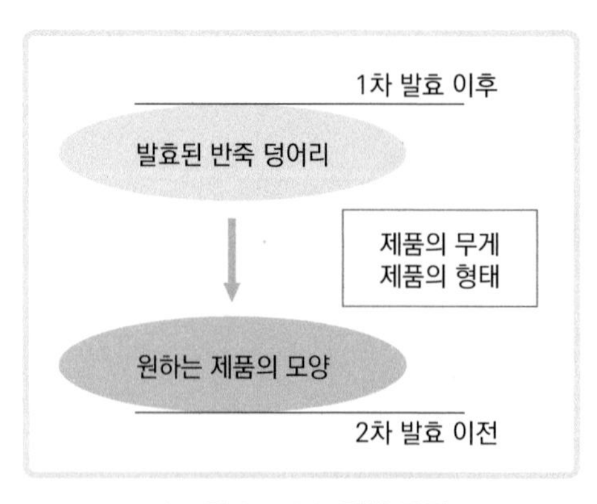

| 그림 2-19 | **정형 과정**

큰 기공들을 빼주고 작은 기공들을 골고루 분산시킨다. 마지막 단계로는 각각의 모양으로 성형(moulding)하는 과정과 팬에 담는 팬닝(panning) 과정이 있다. 중간 발효 때 발효라는 단어로 프루핑(proofing)이란 단어를 썼다. 발효라 하면 fermentation이었는데 여기서는 proofing이라고 쓴 것이다. 물론, 발효는 반죽 시 이스트가 들어갈 때부터 오븐에서 죽을 때까지 일어나는 것이지만, 이 차이는 fermentation이라 하면 생화학적인 변화를 중요하게 수반하는 발효를 말하고, proofing이라 하면 그런 생화학적인 발효보다는 다른 어떤 목적을 가지고 있을 때를 말한다. 위의 경우에서는 중간 발효 시 반죽의 휴지라는 목적이 더 중요한 것이고, 2차 발효도 빨리 부풀게 한다는 목적이 있어서 프루핑이라 한다. 그리고 중간 발효를 나타내는 단어가 다양하게 사용되는데, 보통은 작업대 위에 놓고 중간 발효를 시키기 때문에 벤치 타임(bench time)이라고도 하고, 큰 공장 같은 곳에서는 작업대 사이 통로나 천장에 컨베이어 벨트를 장착하여 천장에서 진행하기 때문에 바닥을 의미하는 floor time이나 천장을 의미하는 overhead proof time이라고도 한다. 이상의 내용을 정리하면 아래와 같다.

분할(Dividing) - 제품마다의 일정한 무게

둥글리기(Rounding) - 가스 보유력 향상

중간 발효(Intermediate proofing) - 반죽의 휴식

bench time, floor time, overhead proof time

밀어펴기(Sheeting) - 작고 일정한 기공

성형(Moulding) - 적절한 형태

팬닝(Panning) - 제품의 형태 유지

2-15.
2차 발효 과정

정형 과정에서 반죽이 심하게 다루어졌기 때문에 부분적으로 가스가 빠진 상태이며, 글루텐의 조직은 조밀하게 되어 있다. 결국 이러한 반죽을 바로 굽는다면 제품은 부피가 작아지고 거칠면서도 조밀한 속질을 나타내어 제품으로서의 가치를 잃게 된다. 물론 굽기 과정에서 부피가 어느 정도는 팽창하지만 정형 과정 동안에 이미 제거된 가스와 잃어버린 반죽의 탄력성 등을 특정한 환경 속에서 일정한 시간에 걸쳐 회복시켜야만 질이 좋은 빵 제품을 얻을 수 있다. 그러나 1차 발효와 2차 발효에서 반죽의 부피 변화는 기본적으로 발효란 관점에서 〈그림 2-20〉와 비슷하게 나타난다. 일반적으로 발효기를 사용할 경우에는 가급적이면 문을 자주 열어주지 않으며, 발효기 창으로 물이 맺히는 수분의 과포화 상태를 피해야 한다. 실제로는 창으로 물방울이 맺히는 정도까지 보이도록 유지하며 발효기를 사용하고 있지만, 이는 대부분의 경우 협소한 제빵 작업실로 인해 제품들과 발효실의 용량 부족에 따른 것이며, 2차 발효 동안에 반죽의 표면에 있는 물방울은 제품의 고른 색을 얻을 수 없게 하는 단점들이 나타난다.

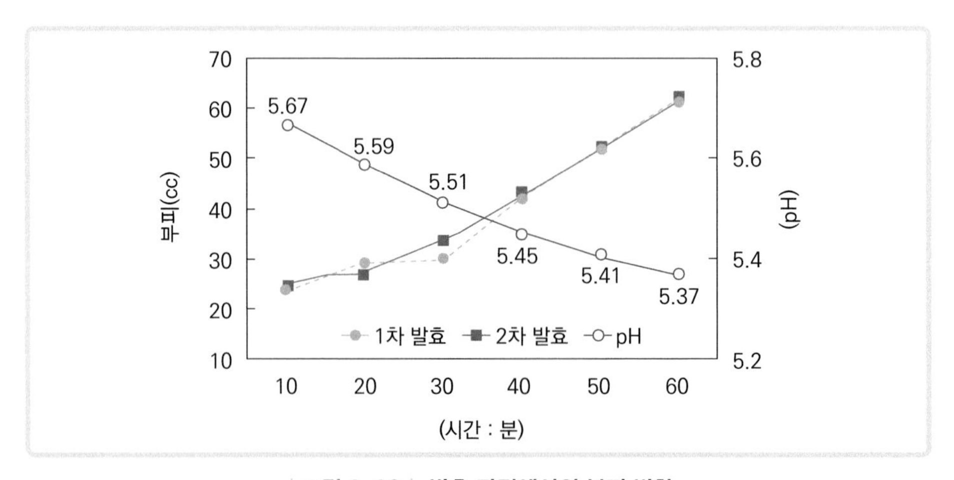

그림 2-20 **발효 과정에서의 부피 변화**

대체로 1차 발효에 비해서 짧은 2차 발효를 성공적으로 마칠 수 있기 위해서는 온도와 습도 및 시간에 대해서 잘 알아야 하며, 일반적으로는 35℃의 온도와 85%의 상대습도, 그리고 약 60-65분 정도의 발효시간을 지켜만 준다면 만족할 만한 제품을 얻는다고 알려져 왔으나, 급격한 제빵산업의 발달로 인해서 실제로 사용하는 범위들은 제빵과정의 방법이나 제품의 종류에 따른 특성에 따라서 다양하다. 제빵공정의 단축을 위해서 발효시키는 온도는 점차 높아지는 경향이며, 대략 33-54℃의 발효온도와 60-90%의 상대습도, 그리고 55-65분 정도의 발효시간 범위 내에서 2차 발효가 행해진다. 그러나 높은 온도는 이스트에 스트레스를 주는 경향이 있으며, 낮은 발효온도가 강한 반죽 특성을 나타낼 수 있기 때문에 상업적으로는 발효온도를 낮추어 발효하며, 가장 좋은 2차 발효온도는 35-37.8℃이다. 2차 발효에서 가장 중요한 요인으로 발효온도를 들 수 있는데, 발효온도는 상대 습도(relative humidity)를 조절하여 맞출 수 있다. 발효기의 습도는 수증기의 온도를 조절하는 습열기(wet bulb)와 발효실의 온도를 조절하는 건열기(dry bulb)로 되어 있으며, 상대 습도는 건열기와 습열기를 상대적으로 조절해서 얻어지는 습도를 말한다. 따라서 같은 상대 습도를 얻기 위해서 발효실의 온도가 다를 수도 있다. 대체로 두 온도기의 온도 차이는 4.5℃ 이상이 넘지 않도록 하며, 수분의 과포화 상태를 방지하기 위해서 항상 건열기를 습열기보다 높은 온도로 책정한다. 이와 같은 상대 습도는 2차 발효 동안에 표면이 마르는 것을 방지하기 위해서 최소한 75% 이상을 유지해야 하며, 제품의 껍질 색에 큰 영향을 주지만 제품의 부피나 기질에는 별로 영향을 주지 않는다. 실험에 의하면 밀가루의 종류나 수분 흡수력보다는 2차 발효 시간이 제품의 품질에 미치는 영향이 더 크고, 시간이 증가할수록 제품의 부피는 커지고, 기공이 커지면서 불규칙하게 되며, 속질의 색상은 어두워진다. 그러나 많은 부피의 증가가 2차 발효 동안에 일어나지만 발효시간이 길다고 무한정 제품이 크고 좋아지는 것은 아니며, 일정한 시간이 경과한 후에는 오히려 부피의 감소와 외형상의 불균형 등 여러 가지의 나쁜 결과들이 나타난다. 따라서 정확한 발효시간은 각 업장에서 미리 제품에 맞는 표준 발효시간을 책정해야 하며, 최적의 발효시간은 이러한 표준시간을 참고해서 오랜 경험에 의해서만 구할 수 있다. 일반적으로는 손가락으로 반죽의 윗면을 눌러보아 약간의 자국이 남아 있을 때를 2차 발효의 완료시점으로 한다. 실험에 의하면, 발효실 온도 30℃에서 60분의 발효시간을 필요로 하는 상태가 40℃에서는 단지 47분이 소요되며, 만일 50℃가 넘는 발효온도라면 발효시간을 40분 이내로 줄일 수 있다. 따라서 어느 온도에서나 최상의 발효상태를 얻을 수 있다면 발효 과정에서 걸리는 시간의 개념은 무의미해진다. 보편적으로 충분한 발효시간을 갖는 것이 좋은 부피의 제품을 만들지만 2차 발효에서 굽기 과정으로 넘어가는 상태는 재료의 배합에 의해서도 달라진다. 예를 들면, 고배합의 제품일 경우에는 약간 발효가 덜된 상태에서 오븐에 넣어야 제품이 주저앉고 옆면이 찌그러지는 것을 방지할 수 있다. 또한 노타임 반죽법을 이용하는 경우에는 과도한 2차 발효가 되지 않도록 주의해야 하며, 3/4 정도의 2차 발효가 가장 좋은 결과를 나타내기도 한다.

상대 습도 개념은 실제로는 제빵사들이 만든 것은 아니고, 정밀한 습도를 요구하는 잠수함 실내 같은 곳에서 사용하기 위해 미국에서 만들어졌다고 한다. 〈그림 2-21〉의 표는 제빵에서 필요한 온도와 습도 부분만을 따온 것으로 현재 외국에서 많이 사용되고 있는 상대 습도표이다. 표의 온도는 화씨로 표시되어 있는데, 화

상대 습도표(RH : Relative Humidity)

37.8℃

%	건열기 온도(℉)														
RH	80	82	84	86	88	90	92	94	96	98	**100**	102	104	106	108
65	9	9	9	9	10	10	10	10	10	10	10	11	11	12	12
70	7	8	8	8	8	8	8	8	9	9	9	9	10	10	0
75	6	6	6	6	7	7	7	7	7	7	8	8	8	8	8
80	5	5	5	5	5	5	5	6	6	6	6	6	6	6	6
➡ **85**	4	4	4	4	4	4	4	4	4	4	**4**	4	5	5	5
90	2	2	2	2	2	2	2	3	3	3	3	3	3	3	3
95	1	1	1	1	1	1	1	2	2	2	2	2	2	2	2

℃ = (℉-32)×5/9

35.6℃

| 그림 2-21 | **상대 습도표**

씨를 섭씨로 바꾸게 되면 온도가 소수점으로 표시되어 복잡하기 때문에 아래에 변환 공식만 적었다. 표에서는 가로로 되어 있는 것이 일반적인 건열 온도계의 온도이고, 왼쪽에 있는 습도가 우리가 원하는 상대 습도를 말한다. 상대 습도 85%를 원하는 경우를 보면, 건열구를 100℉(37.8℃)에 맞추었을 때 습열구는 4℃ 낮게 96℉(35.6℃)로 책정하면 85% 상대 습도를 얻을 수 있다. 건열구는 원하는 대로 조절할 수 있으므로 만약에 우리가 발효온도를 높이려고 건열구를 조금 높게 세팅해서 104℉로 한다면, 습열구는 99℉에 맞춰야 원하는 85%의 상대 습도를 얻을 수 있다. 재미있는 결과 하나를 풀어보면, 화씨나 섭씨가 어느 똑같은 온도에서는 같은 숫자가 나오게 된다. 이 숫자는 −40으로 식품을 급속 냉동시킬 때 처음에 사용하는 온도로서 냉동 반죽이나 제품을 만들 때 상당히 유용한 온도이다.

결론적으로 2차 발효 과정은 1차 발효와는 다른 목적이 있기 때문에 어느 과정이 더 중요하다고는 말할 수는 없다. 풍부한 향이나 부드러운 질감 등은 대부분 1차 발효를 통해서 얻을 수 있으므로 빵의 품질 면에서는 가장 중요한 과정이라 할 수 있다. 그러나 2차 발효를 생략하거나 부족한 상태라면 빵의 부피나 형태가 제품으로서의 가치를 잃어버리게 된다. 물론, 다음으로 이어지는 굽기 과정에서 굽는 온도를 조절한다면 어느 정도는 보완할 수 있다.

2-16.
소금의 발효 억제 효과

1차 발효나 2차 발효 과정은 각각의 목적이 다르다 할지라도 그 과정에는 이스트에 의한 동일한 화학 반응에 의해서 발효가 진행된다. 제빵에서 필수 재료로서 밀가루, 물, 이스트, 그리고 소금을 들 수 있지만, 아주 적은 양이 첨가되는 이스트와 소금은 매우 중요한 역할을 하며, 이 둘의 관계는 상당히 밀접하다. 살아있는 생명체로서 이스트는 온도와 습도에 민감하게 반응하고, 무생물인 소금은 이스트나 반죽에 영향을 미친다. 제빵에서 소금 기능의 장점은 대략 5가지 정도이다. 첫 번째로, 소금은 다른 냄새들을 상쇄시키는 기능이 있어서 빵의 풍미를 더욱 뛰어나게 할 수 있다. 또한 빵의 맛을 느끼게 만드는 재료로서 1.5% 이하를 사용한다면 매우 싱거운 맛을 내며, 2% 이상에서는 강한 짠맛으로 인해서 제품의 상품성이 없어진다. 두 번째로, 소금은 이스트의 활성을 조절하는 역할을 하여 제빵 과정에서의 작업성과 관계가 있다. 만일에 소금의 이런 기능이 없다면, 제빵의 발효 과정을 컨트롤하기 어려워진다. 세 번째로, 소금에는 글루텐 단백질을 강화시키는 기능이 있다. 그래서 후염법(delayed salt method)을 사용할 때 보면, 소금을 넣기 전의 반죽은 부드럽지만, 소금을 넣으면 반죽이 단단하게 뭉쳐진다. 네 번째, 소금은 아밀라아제 효소의 활성을 증진시키고, 마지막으로 단백질 분해 효소(protease)에 의해서 일어나는 단백질의 파괴를 줄일 수 있다. 단점으로는, 글루텐 형성을 지연시키는 것과 삼투압을 들 수 있다. 유지를 늦게 투입하는 경우는 반죽에 함유된 유지 성분으로 인해서 물의 흡수가 늦어지며, 소금을 늦게 투입하는 후염법의 경우에는 물이 흡수되기도 전에 반죽이 강해지므로 후염법을 사용함으로써 반죽 시간을 단축시킬 수 있는 것이다. 설탕도 삼투압이 높지만, 소금은 그보다도 6배나 강하게 나타난다. 만일에 이스트에 소금을 넣게 되면, 이스트에 있는 수분을 빨아들여서 이스트의 활성이 저하되기 때문에 반죽기에 재료들을 넣을 때에는 이스트와 소금을 한 곳에 투입하지 않는다.

장 점 : 빵의 풍미 증진
이스트 활성 억제로 발효 조절 능력
글루텐 단백질 구조력 강화
아밀라아제 효소 활성 증진
효소에 의한 글루텐 단백질 파괴 억제

단 점 : 반죽의 글루텐 형성 지연
삼투압 작용(osmotic pressure)

소금을 투입하지 않은 0%부터 1.2%까지의 소금 첨가량에 따른 빵 제품의 특성을 알아 본 바에 의하면, 소금이 들어갈수록 부피는 작아지고 수분 손실도 적어진다. 소금이 들어갈수록 발효 억제가 일어나고 글루텐이 단단해지기 때문이다. 빵 속질의 경도(hardness)도 비슷한 이유로 단단해지는 것을 볼 수 있고, 같은 면적의 기공 수는 점차 많아져서, 작은 기공들이 많이 생겨난다. 속질의 전체 기공 면적은 일반적으로 알고 있는 40–45%의 범위로 나타나지만, 소금이 많아질수록 기공 면적이 줄어들어 글루텐의 강도와 기공 간에도 밀접한 관계가 있는 것으로 나타난다.

소금과 이스트는 재료들을 혼합할 때에도 함께 넣지 않지만, 이스트를 묽은 소금 용액에 담갔다 사용하면, 이스트의 활성은 더 좋아진다. 이 방법은 제빵에서 시작된 것은 아니고, 주로 식물 재배에 사용하는 방법이며, 이론적으로는 겨울에 감기 예방 주사를 맞는 것과 같다. 이스트를 소금으로 전처리를 하게 되면, 이스트가 스트레스를 받는 동안 글리세롤의 함량이 증가되어 발효나 부피가 좋아진다. 〈그림 2-22〉는 이스트에 물을 10배 이상 넣어 미리 이스트 소금 용액을 만들어 1차 발효 동안에 일어나는 변화이다. 왼쪽에 있는 그래프가 일반적으로 사용하는 방법으로 소금 1.5% 사용한 결과이고, 오른쪽이 소금과 이스트 용액을 만들어 15분 동안 두었다가 사용한 결과이다. 그래프에서 점선으로 표시된 곡선은 가스 생성률이고, 실선으로 나와 있는 곡선은 실제로 발효 동안에 일어나는 부피의 변화이다. 차이를 보면, 가스 생성률은 거의 비슷하게 보이지만, 반죽의 높이는 15분 침지한 것이 더 좋았으며, 그만큼 발효가 잘 되는 것으로 나타난다. 또한 점선의 가스 생성률과 실선의 부피 변화를 보면, 15분 침지한 것이 갭이 더 크게 나타나서 가스 보유력이 좋아진다. 결국, 이제까지는 이스트와 소금은 천적으로만 알고 있었지만, 어느 정도 이스트에 스트레스를 주면 결과는 더 좋게 나타날 수도 있다.

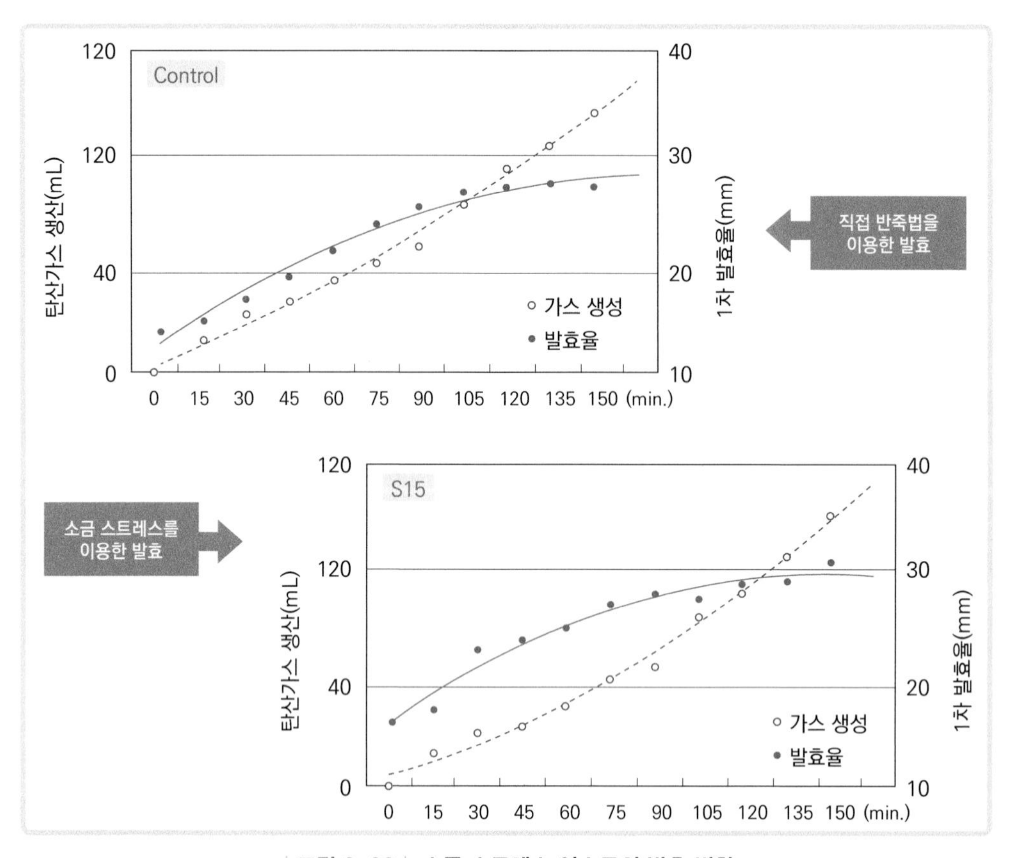

그림 2-22 | **소금 스트레스 이스트의 발효 변화**

최근에는 건강을 이유로 국내의 토판염이나 죽염, 심지어는 몸에 좋다고 값비싼 수입산 소금을 사용하는 경우도 있지만, 대부분의 소금 종류들은 그 속에 들어 있는 광물질의 종류나 양이 다를 뿐이며, 제빵에서 소금의 기능은 주성분인 염화나트륨(NaCl)의 함량에 따라 기능이 다르게 나타난다. 따라서 어떤 특정한 종류의 소금을 사용하고 싶다면 반드시 염화나트륨의 함량을 살펴보는 것이 기본이다. 소금의 입자가 너무 크면 날카로운 입자로 인해서 글루텐 발전에 지장을 주게 되고, 용해성도 떨어진다. 따라서 제빵에서는 입자 크기가 보통인 소금을 사용하며, 기타 입자의 형태나 크기가 다른 것들은 토핑(topping)이나 충전물(filling)용으로 사용한다. 빵은 많은 기공이 호화된 전분 입자로 둘러싸여 단백질로 결합되어 있으며, 소금이 들어갈수록 전분과 단백질 간의 결합이 뚜렷하게 나타난다. 결국 소금의 종류나 사용하는 양의 정도에 따라서 반죽의 상태도 변할 수 있다. 실제로 신안 지역에서 생산된 국내산 토판염과 프랑스와 뉴질랜드에서 수입된 천일염으로 실험을 해본 결과에서도 소금의 종류에 따라 제빵 특성이 다르게 나타났다. 최종적인 기호도 평가에서도 비싼 뉴질랜드의 천일염이 가장 좋았지만 다른 소금들 간에는 통계적인 차이가 나타나지 않았다. 홍보 목적이 아니라면 소금의 종류는 심각하게 고려할 필요가 없다.

제빵에서 중요한 소금도 많이 섭취하면 건강에 좋지 않다고 하여, 소금의 양을 줄이거나 소금 대체재를 사용하는 경우가 많아졌으며, 소금의 성분에서 몸에 나쁘다는 나트륨을 대신해서 염화칼륨(KCl)으로 바꾼 소금 같은 경우는 쓴맛이 나서 제빵에서는 사용할 수 없다. 따라서 요즘 많이 개발되고 있는 소금의 대체재는 SODA–LO와 같이 주로 천연적인 것을 이용하고 있다. SODA–LO는 천연 소금을 이용하여 만드는 과정에서 보통 200마이크론의 입자 크기를 20마이크론으로 다공성의 형태로 만든 것이며, 제빵에서 소금의 기능을 유지하면서도 소금의 사용량을 25–50%까지도 줄일 수 있다. 제조 과정을 보면, 소금을 잘게 부수어 녹였다가 다시 결정화하는 과정에서 특수한 형태로 다공성의 구조가 만들어지며, 이러한 다공성으로 인해서 소금의 용해성도 좋으면서 표면적이 넓어져서 제빵 기능을 충분히 발휘할 수 있게 된다. 장점으로는 보관성이 좋으며, 일반적으로 사용하는 소금과 마찬가지로 그대로 사용해도 되며, 소금의 사용량도 적고, 쓴맛 같은 다른 불쾌한 향도 없다.

2-17.
굽기 과정의 개념

케이크는 구워서 그대로 판매하는 것보다는 크림을 바른다든지 위에 광택제 같은 것을 바르는 2차 가공 작업을 거치나, 대부분의 빵은 굽고 나면 그 시점이 곧 판매 시점이 되는 경우가 많기 때문에 제과보다는 제빵에서 굽기 과정이 더욱 중요하다고 볼 수 있다. 20년 전쯤 일본에 있는 빵 공장에서 일할 때를 생각해 보면, 그 집에서 오븐을 담당하는 사람이 그 빵집에서 서열이 두 번째로 높은 사람이었다. 그만큼 오븐을 보기 위해서는 오랜 경험과 지식이 필요한 것이다. 이렇게 제빵에서 중요한 굽기 과정도 실은 아주 단순해서 대부분의 탄성인 재료들을 가지고 혼합해서 점탄성의 반죽을 만들고, 굽기 과정에서 다시 탄성의 제품으로 만드는 것이다. 즉, 탄성의 재료가 점성의 반죽으로 되었다가 글루텐의 발전으로 만들어진 점탄성의 반죽이 발효를 거쳐 최종적으로는 굽는 과정을 통해서 다시 탄성의 제품이 되는 것이다.

굽기의 개념을 생각할 때에는 3가지 사항을 염두에 둬야 하는데, 열 전달 문제, 반죽의 물성 변화, 그리고 화학적이거나 물리적 변화를 생각해야 한다. 첫 번째로, 제빵의 굽기 과정에서 관여되는 열은 전도(conduction)열, 대류(convection)열, 그리고 복사(radiation)열이 있다. 전도열은 물질과 물질 간에 전달되는 열을 말하고, 대류열은 공기의 흐름과 관련되며, 복사열은 오븐 내의 온도 차이로 일어난다. 다시 설명하면, 오븐에서 방출되는 복사열이 내부의 온도 차이와 공기의 흐름 때문에 대류열로 반죽 표면에 전달되고, 이 열이 반죽 내부까지 전도열로 진행되는 것이다. 두 번째로, 물성 변화는 점탄성의 반죽이 탄성의 제품으로 변하는 것이며, 세 번째로는 전분의 호화나 갈변반응 같은 화학적 변화나 그에 따른 물리적 변화들이 굽기 과정에서 일어난다.

이런 열이 어떻게 반죽 속으로 진행되고, 또 어떤 현상들이 일어나는지를 〈그림 2-23〉에서 보여주고 있으며, 기본적으로는 열의 이동과 반죽 속에 있는 수분 질량의 이동이다. 처음에 대류열에 의해서 반죽 표면에 전달된 열이 반죽 속으로 전달되고, 반죽 내부 속으로 전달된 열은 반죽에 있는 수분을 증발시키며, 이 수증기들은 굳어지는 껍질을 통해서 오븐 밖으로 배출된다. 그러나 수분의 이동은 수분만 빠져나가는 게 아니라 동시에 열도 함께 빠져나가게 되며, 반죽 속에 수분이 남아있는 한 아무리 200℃에서 구울지라도 내부 온도는 100℃를 넘을 수 없다.

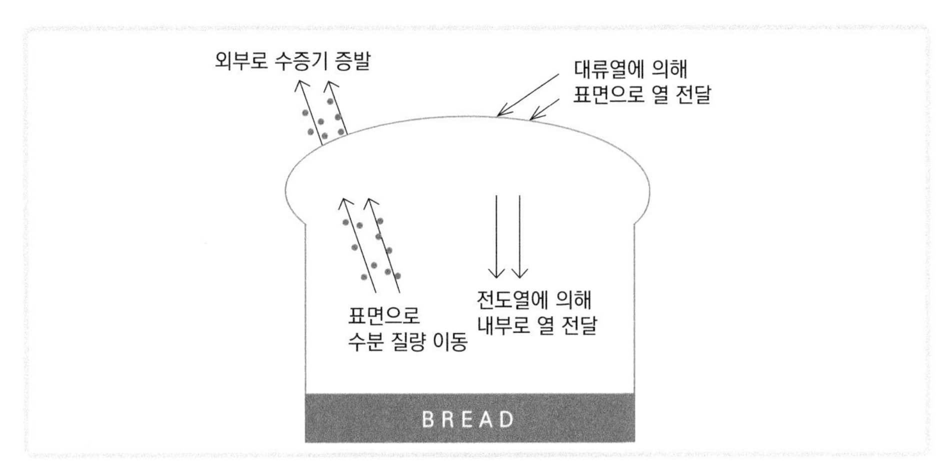

| 그림 2-23 | **제빵에서의 열과 수분 이동**

이런 수분 질량의 이동을 〈그림 2-24〉에서 다시 자세히 보면, 굽는다고 그 속에 있던 수분이 그냥 빠져 나가는 것은 아니다. 물론, 그냥 표면을 통해서 증발되어 빠져 나가는 수분도 많겠지만, 상당한 수분들은 다시 기공 속으로 들어갔다가 다시 빠져 나오는 과정들을 반복하게 된다. 하나의 타원형 기공을 보면, 위쪽이 껍질과 가까우니까 그 부분에 있던 물들이 증발되어 기공 내부로 이동하고, 기공 밑부분은 위보다는 온도가 낮으므로 이것들이 응축되어 다시 반죽 속으로 확산되어 흡수된다. 이런 수분들은 또다시 기공 바깥으로 이동하다가 어떤 것은 반죽의 표면을 통해서 나가게 되고, 또 어떤 것들은 다시 기공 속으로 흡수되어 앞에서 언급한 과정이 반복되는 것이다. 실제로 제빵에서 굽기 과정은 180℃ 이상의 높은 열에서 이루어지지만 반죽 내에 있는 수분이나 기공을 통해서 다시 생성되는 수분이 반죽의 표면으로 이동하게 되어 겉표면의 온도는 100℃를 넘어갈 수 없다. 또한 이러한 이유로 해서 굽기와 〈그림 2-24〉 수분의 이동 중의 초기에 나타나는 현상인 흰 껍질의 형성이 일어날 수 있으며, 어느 정도 수분이 증발하면 오븐의 높은 열과 반죽의 탄수

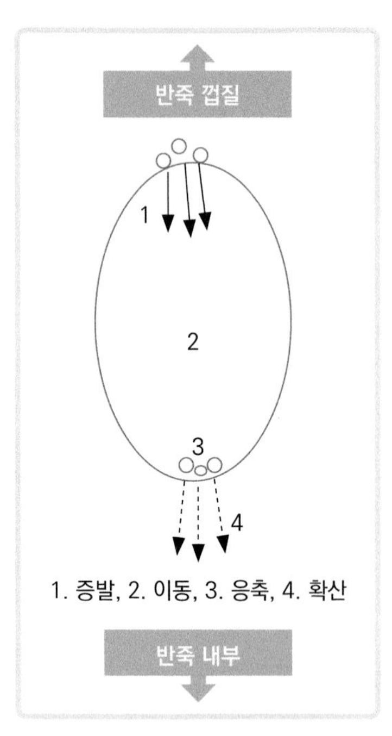

| 그림 2-24 | **수분의 이동**

화물이 반응을 하여 갈색의 캐러멜 반응이 일어나게 된다. 굽기를 마치고 난 후에 최종적으로 제품에 남아있는 수분의 함량은 촉촉하고 부드러운 식감을 주는 것뿐만 아니라 저장하는 동안에 일어날 수 있는 곰팡이의 발생과 같은 위생적인 면에서도 중요한 요인이 된다.

2-18. 굽기 과정에서의 변화

점탄성의 반죽과 탄성의 빵 차이는 쉽게 말할 수 있지만 어떻게 반죽이 빵으로 전환되고 변형되는가를 이해하기는 매우 어렵다. 반죽에서 빵으로의 변형은 하나의 연속 과정이다. 굽기 과정에서 물리적, 화학적 변화가 일어나는 요인으로는 몇 가지를 들 수 있으며, 이러한 상태의 변화는 온도가 올라감에 따라서 단계적으로 일어나게 된다. 반죽의 물성변화를 일으키는 요인으로는 우선 빵 반죽에서 가장 많은 부분을 차지하는 재료인 밀가루를 들 수 있으며, 밀가루의 대부분은 전분으로 구성되어 있다. 이러한 전분은 높은 온도에서 호화현상이 일어나 제품에 식감을 부여한다. 또한 반죽에 들어 있는 이스트는 열에 의해서 사멸될 때까지는 계속해서 활동을 하며, 제품의 최종적인 수분의 함량과 껍질의 색도 중요한 변화를 나타낸다. 굽기 단계는 반죽이 화학적 물리적 변화를 일으키는 건조단계와 마지막 1/3을 차지하는 착색단계로 나누며, 수분의 증발로 인한 건조단계는 150℃ 이하에서, 그리고 껍질의 착색은 보통 150℃ 이상에서 빠르게 일어난다.

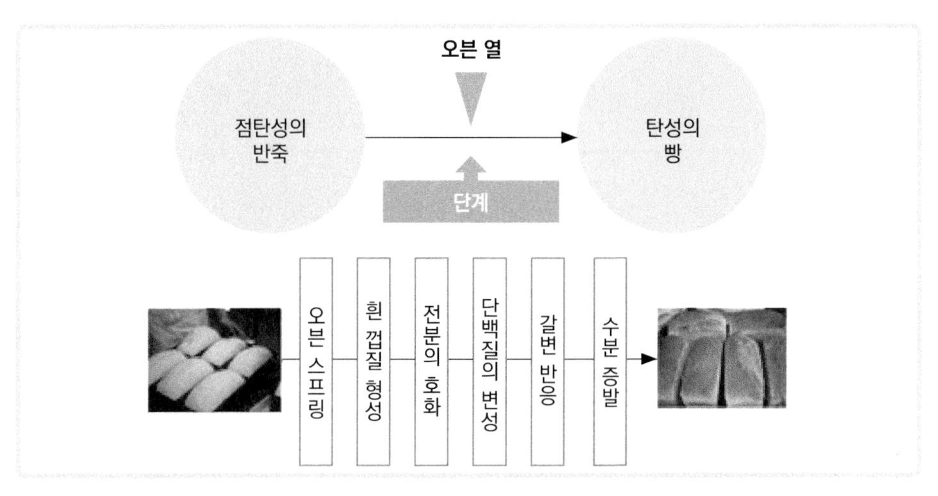

그림 2-25 **굽기 과정의 변화**

굽기 과정에서의 물성변화를 단계적으로 요약해 보면 〈그림 2-25〉와 같이 점탄성의 반죽이 오븐의 높은 열에 의해서 탄성의 빵으로 변하는 것이다. 첫째로 오븐에 반죽이 들어가면 처음 약 5-6분 동안은 온도가 높아짐에 따라 이스트의 활동이 계속되어 탄산가스가 발생하며, 증기압으로 인해 부피가 증가한다. 이러한 오븐에서의 급격한 팽창은 오븐 스프링(oven spring, oven volume, oven kick)이라 하며, 처음 5-6분 동안에 약 30%의 부피가 증가한다. 오븐 스프링은 이스트 세포가 죽는 온도인 60-63℃에 이르기까지 일어나지만 보통은 반죽의 내부 온도가 70℃일 때까지로 보며, 발효 동안에 생성되는 에탄올과 탄산가스의 양은 비슷하나 에탄올은 액상의 반죽에 용해되어 반죽이 탄성으로 변화된 후에야 증발이 일어나므로 오븐 스프링에는 크게 영향을 주지 않는다. 따라서 오븐에서의 부피 팽창은 탄산가스의 발생, 기공의 팽창, 알코올의 증발, 그리고 이스트의 활발한 활동 등에서 나타난다.

두 번째의 큰 변화로는 그동안 반죽 표면에서 계속 증발하는 수증기로 인해서 겉껍질이 형성되며, 100℃가 넘을 수 없는 수증기의 특성으로 갈변 반응이 없는 흰 껍질이 만들어진다. 즉, 껍질의 두께는 증발되는 수증기로 인해 껍질 부분에 남은 수증기의 양에 의해서 결정되며, 표면의 수증기가 빨리 증발될 수 있는 높은 온도에서 얇은 껍질이 형성된다.

세 번째로는 약 74℃에서 일어나는 단백질의 응고와 60-82℃에서 전분의 종류에 따라 다른 온도에서 일어나는 호화현상(gelatinization)을 들 수 있으며, 이 과정에서 제품은 비로소 골격을 유지할 수 있는 바탕이 마련되고 먹을 수 있는 제품으로 변하게 된다. 그림에서는 단계의 순서를 전분의 호화에 이어서 단백질의 변성을 나타내었으며, 전분과 단백질의 종류에 따라서 변성되는 온도가 다를지라도 최종적으로는 단백질의 변성 온도가 높기 때문이다. 굽기 과정에서 방출되는 탄산가스는 우선 반죽의 수분에 용해되며, 방출되는 탄산가스는 대부분 반죽이 호화되어 고정화된 후인 약 7분 후에 나타난다. 따라서 굽기 과정에서 방출되는 탄산가스로 인한 부피증가는 적으며, 반죽의 팽창에 영향을 주는 전분의 호화가 제품의 품질에 중요한 역할을 하게 된다.

네 번째로는 비효소적 갈변반응인 캐러멜화 반응과 메일라드 반응을 들 수 있으며, 이는 제품의 색을 결정하는 중요한 요인으로 작용한다. 캐러멜화(caramelization) 반응은 주로 이스트의 소멸로 인해서 남아 있는 잔여 설탕(residual sugar)에 의해서 일어나며, 반응이 일어나기 위해서는 120–150℃의 높은 열이 필요하다. 또한 캐러멜화 반응은 pH에 의해서도 영향을 받아 산가가 높을수록 반응도 증가하지만, 아미노 화합물에 의해서는 반응이 늦어진다. 메일라드 반응(maillard browning reaction)은 아미노 화합물과 환원당(reducing sugar)과의 반응에서 일어나며, 이 반응도 굽는 시간과 온도 그리고 pH에 의해서 영향을 받는다.

마지막으로는 제품이 알맞은 수분을 함유할 수 있도록 수분의 제거를 위한 건조 단계로서, 먹기 좋은 식빵의 경우 대략 최대 35–40%의 수분을 보유하게 된다. 이 단계에서 수분과 휘발성 물질들의 증발에 기인하는 무게의 변화가 일어나며, 대략 8–10%의 무게 손실을 볼 수 있다. 또한 갓 구워낸 빵 제품의 껍질에 함유되어 있는 수분은 실질적으로는 거의 없기 때문에 빵 껍질은 단단한 상태로 오븐에서 나오지만, 대기 중에 있는 수분과 제품 속에 있는 수분(약 47%)이 껍질로 이동하게 되어 부드러운 빵으로 변한다.

결국, 굽기 과정에서 일어나는 물리적인 변화와 재료의 특성은 열이나 수분과 같은 질량의 이동과 이에 따른 반죽의 변형이다. 오븐의 높은 열이 반죽에 있는 수분을 수증기로 만들고, 수증기와 기공 속의 탄산가스가 반죽의 변형을 도와 팽창에 직접적인 영향을 미치며, 변형되는 상태에 따라서 다시 수증기나 가스의 이동에 간접적으로 영향을 미치게 된다. 따라서 굽기 과정에서는 굽는 온도와 시간이 가장 중요하다고 해도 재료의 종류나 양에 의해서도 품질에 영향을 받을 수 있는 점을 감안해야 한다. 가령, 설탕이나 유지가 많이 들어가는 단과자빵 제품의 굽는 상태는 두께나 크기뿐만 아니라, 설탕과 같은 탄수화물에 의한 캐러멜 반응이나 유지의 윤활 작용에 의한 반죽의 팽창을 도울 수 있는 특성을 고려하여 결정해야 한다.

굽기 과정에 관여되는 요인으로는 온도와 시간을 들 수 있다. 온도와 굽는 시간은 역관계에 있으며, 오븐의 온도가 높으면 굽는 시간이 짧아지는 것으로 대부분의 경우에는 충분한 화학 반응과 수분 함량을 얻고자 하는 목적이 있다. 물론 크기에 따라서 열의 전달이 늦어질 수밖에 없는 커다란 식빵보다는 반죽이 얇고 크기가 작은 단과자빵 종류들을 높은 열에 구움으로써 충분한 수분 함량을 유지한다. 결국 굽는 시간은 오븐의 온도에 의해서 결정될 수 있으며, 온도의 관점에서 굽는 과정을 분석해 보면 3단계로 나누어 볼 수 있다. 첫 번째 단계는 반죽이 2차 발효온도(37℃)에서부터 오븐에 들어가서 이스트가 사멸될 때까지(56℃)의 단계이며, 이스트로 인한 발효로 인해서 반죽이 급격한 팽창을 하는 단계이다. 오븐 스프링은 굽기 초기에 일어나는 것이지만 실제로는 이스트가 불활성될 때까지는 반죽이 계속 팽창하게 되며, 전체 굽는 시간의 약 50%가 소요된다. 두 번째 단계에서는 이스트의 사멸뿐만 아니라 전분과 단백질의 변성으로 인해서 다공성의 속질이 완성되는 약 30%의 단계이며, 마지막으로는 93℃부터 제품이 완성될 때까지 약 20%의 수분 증발 단계가 된다.

1단계 : 오븐 스프링 단계 (37–56℃)

2단계 : 속질의 변화 단계 (56–93℃)

3단계 : 수분의 증발 단계 (93–99℃)

일반적인 법칙에 의하면, 부피가 큰 제품은 낮은 온도에서 오래 구워야 겉이 타지 않으면서도 속까지 완전히 구울 수 있다. 그러나 실제로는 다른 이유들도 있기 때문에 이런 법칙이 지켜지지 않을 때도 있다. 〈그림 2–26〉에서 제품의 크기는 진한 색의 도형 크기로 나타냈으며, 식빵을 기준으로 하였다. 바게트 제품을 보면, 크기는 식빵보다 조금 작으니까 높은 온도이지만 시간은 반대이고, 페이스트리와 단과자빵, 그리고 도넛은 비슷하기 때문에 일반적인 법칙에 따라 식빵보다 높은 온도에서 짧게 굽는다. 바게트는 껍질이 단단하고 두꺼우며, 속질도 식빵보다는 건조하기 때문에 크기는 다소 작더라도 특성을 살리기 위해서 오래 구워야 한다. 또한 빵은 오븐에서 간접열로 굽지만, 도넛은 기름에 의한 직접열을 이용해서 튀기기 때문에 시간이 짧게 걸린다.

그림 2-26 **제품에 따른 오븐 조건**

2-19.
껍질 색의 변화

굽기 과정에서 껍질 색의 변화는 굽는 온도나 시간, 그리고 설탕의 함량 등에 따라서 달라질 수 있다. 굽는 온도가 높거나 시간이 길면, 또 설탕 양이 많으면 껍질 색은 어두워진다. 〈그림 2-27〉은 바게트를 180℃부터 220℃까지 구웠을 때 나타나는 껍질 색의 변화를 보여주는 것이고, 위 그림(a)에서 L값은 우리가 색을 분석하는 방법 중에서 밝기, 명도를 표현하는 기호로서 흰색일 때 100, 검은색이면 0으로 분석한다. 먼저, 내부의 수분 함량을 생략하고 아래 그림(b)을 보면, 온도에 따라서 껍질 색이 다르게 나타나며, 200℃에서 30분 만에 얻을 수 있는 색도 만일에 220℃에 굽는다면 대략 10분 정도면 그 색을 얻을 수 있다. 따라서, 우리가 언제 굽기가 다 되었는가를 판단할 때 껍질 색으로 판단하는 것은 아니다. 아래 그림도 마찬가지로 곡선의 추세를 보면 높은 온도에서 껍질 색이 점점 더 검게 되는 것을 볼 수 있지만, 자세히 보면 180℃와 200℃에서는 처음 한 5분간은 L값이 높아져서 오히려 색이 밝아지는 것으로 나타난다. 이것은 바게트를 구울 때 대부분의 경우 스팀을 사용하므로 처음에는 스팀이 껍질 부분에 남아 있어 빛의 반사로 색은 밝아 보이는 것이다. 그러나 220℃ 같은 경우에는 스팀이 껍질에 존재하기에는 너무 높은 열이라서 껍질에 남아 있을 시간이 없기 때문에 처음부터 계속해서

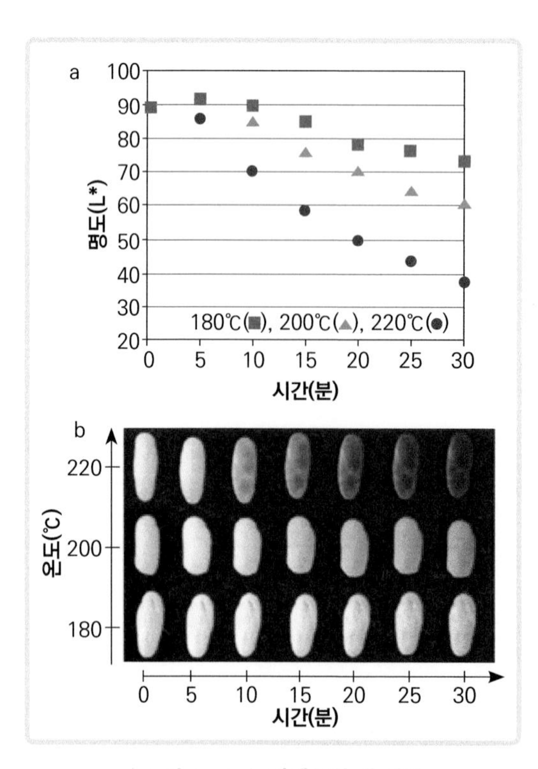

그림 2-27 | 바게트의 색 변화

껍질 색깔은 어두워지는 것이다. 실제로 아래 온도(180℃)를 고정하고, 위의 온도를 저온(190℃), 보통(200℃), 고온(210℃)에서 스팀을 이용하여 바게트를 구워본 결과도 이와 유사하게 나타난다. 껍질 색의 L값은 고온으로 갈수록 높아지고, 기공도 조밀해지며, 관능 평가를 한 결과도 고온에서 구운 바게트의 기호도가 가장 좋은 것으로 나타난다. 껍질 색은 굽는 온도뿐만 아니라 굽는 시간에도 큰 영향을 받기 때문에 최상의 제품을 얻기 위해서 제품마다 굽는 시간(33-38분)을 달리하였다.

빵 제품은 판매를 위해 대부분 하나씩 포장하게 되므로 소비자가 구매를 위해서 평가할 수 있는 부분은 시각적인 평가일 수밖에 없으며, 단지 제품의 모양과 색 정도일 뿐이다. 그러나 이렇게 중요한 색 평가도 대부분 관능에 의해서 진행되어 객관적인 측정을 할 수는 없다. 최근에는 간편한 측정 기기들도 많으므로 제빵을 직업으로 한다면 이를 이용해 보는 것도 바람직하다. 대부분 헌터(Hunter) 색차계를 이용하며, 결과는 x, y, z값과 이를 바탕으로 계산된 L, a, b값으로 나타나며, 주로 후자를 사용하고 있다. L값은 빛의 반사로 표현되는 밝기(명도)를 설명하여 100일 경우가 흰색이 되며, 0일 경우 검은색으로 한다. a값은 양수(+)의 경우가 빨간색이므로 적색도, b값은 황색도라 하며, 명도와는 달리 값의 범위는 ±60이다. 때로는 블루베리를 첨가한 식빵을 측정했을 때 황색도가 음수(-) 값으로만 설명하여 황색도가 낮아졌다고 하는 논문들도 보지만, 이럴 경우에는 반드시 블루베리 첨가로 인한 청색의 증가가 있다고 부연 설명할 필요가 있다. 〈그림 2-28〉에서 보듯이 매우 하얀색으로 보이는 밀가루도 측정한 값에 따르면 명도(L)가 90으로 순수한 흰색이 아니며, 황색도(b)는 밀가루에 포함되어 있는 카로티노이드 성분으로 약간 양수(+)를 나타낸다.

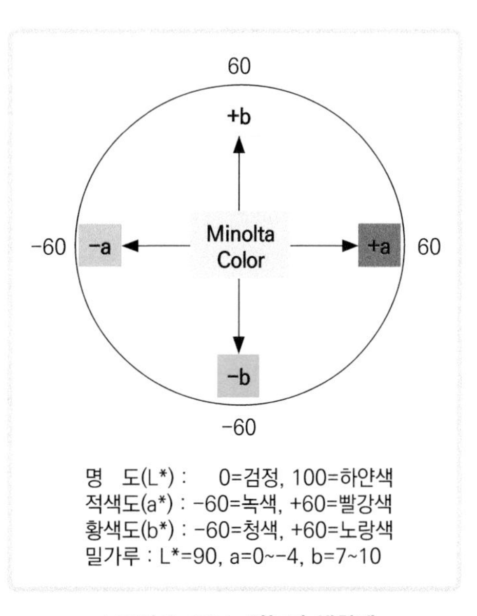

그림 2-28 | 미놀타 색차계

따라서 white pan bread라 표현되는 일반적인 식빵의 경우도 식빵의 속질이 하얀색이 될 수는 없다. 사용하는 측정 기기나 제품을 만드는 재료와 공정의 상태에 따라서도 결괏값이 다르게 나타나겠지만, 식빵 속질의 명도는 70-80, a값은 0-5, b값은 10-15를 나타내며, 껍질의 경우는 L값은 40-45, a값은 8-10, b값은 30-35를 보인다. 마지막으로 먹음직스럽게 완성된 빵의 껍질 색은 금빛의 갈색(golden brown color)이라 한다.

2-20.
전자 오븐 굽기

오븐의 종류는 상당히 많다. 그러나 가스 오븐이나 전기를 이용하는 데크 오븐과 릴 오븐 등은 열의 출처만 다를 뿐이며, 물질을 통해서 열이 전달되는 체계는 전도와 대류에 의해서 외부 열이 내부에 전달되는 과정으로 동일하다. 반면에 전자 오븐은 열전달 매개물질이 없이 식품의 극성 물질을 진동시켜 내부에서 열이 발생하여 외부로 전달된다. 따라서 열의 전달 속도가 매우 빠르고, 영양가의 파괴도 최소화할 수 있다. 열의 전달 면에서만 본다면, 전자파를 이용한 오븐을 사용하면 좋으나 전자 오븐을 이용해서 빵을 구우면, 껍질 색이 나지 않을 뿐만 아니라 일반적으로는 제품도 크지 못하고, 찌그러들게 된다.

〈그림 2-29〉 왼쪽이 전자파에서 굽는 과정이고, 오른쪽이 보통의 오븐에서 굽는 것이며, 굽는 동안에 일어나는 반죽의 팽창을 점선의 화살표로 나타내었다. 그림에서 사각형 중 실선은 반죽을 나타내고, 점선으로 된 것은 다 구운 제품의 형태를 말하며, 변화되는 온도의 측정은 붉은색으로 표시하였다. 전자파만을 이용하는 경우, 겉의 온도보다 속 온도가 빨리 높아지기 때문에 이스트의 활성이나 화학적인

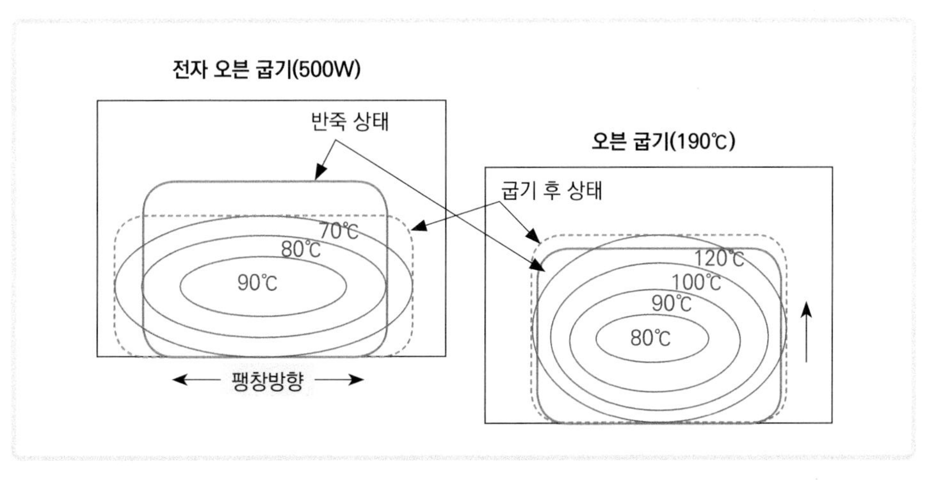

그림 2-29 전자 오븐에서 굽기의 상태변화

변화들이 빨리 끝나게 되는 반면에 표면은 100℃가 안 되어 껍질 형성이 일어나지 않는다. 당연히 제품이 위로 크지 못하고 옆으로 퍼지게 되고, 껍질도 캐러멜 반응이 일어나지 못하여 먹음직스러운 금빛의 갈색을 얻을 수 없다. 그러나 오븐에서 구울 때를 보면, 순차적으로 내부의 온도가 올라가므로 굽기 과정 동안에 발생하는 반응들이 일어나게 되어 원하는 크기와 형태로 만들 수 있게 되고, 또한 색깔도 얻을 수 있다. 그렇다고 굽기에서 전자파를 전혀 안 쓴다는 것은 아니고, 대형 공장에서는 주로 긴 터널 오븐을 사용하는데, 이때 반죽이 들어가는 처음 부분에 전자파 장치를 달아서, 굽는 시간을 줄이는 목적으로 사용되고 있기는 하지만, 이런 오븐은 값이 비싸다는 단점이 있다.

주로 재료나 이스트 발효, 갈변 반응에서 나오는 빵의 향은 비교적 낮은 온도에서 일어나는 메일라드 반응과 높은 열에 반응하는 캐러멜 반응에 의해서 대부분 생성된다. 그러나 재료나 발효에서 나오는 향들은 비교적 쉽게 판명되나, 메일라드 반응에 의해서 만들어지는 향들은 온도에 따른 2차, 3차의 반응들에 의해서 나타나며, 환경이 조금만 바뀌더라도 만들어지는 향들은 다양하게 존재하게 된다. 따라서 빵의 맛이나 향까지 똑같은 제품을 만들기는 무척 어렵다. 사실, 빵의 향을 만들어 내기만 할 수 있다면, 복잡한 제조과정이 많이 단축될 것이며, 가스 생성율이 높은 베이킹파우더를 사용한다면, 단지 향 몇 방울만 첨가함으로써 쉽게 맛있는 빵을 만들 수 있을 것이다. 실제로 커피가 들어간 빵 제품을 만들 때 에스프레소를 많이 넣는 것보다 반죽에 커피 향 몇 방울을 넣으면 맛과 향이 좋은 제품을 만들 수 있다. 생성되는 향들은 휘발성이 강한 것부터 약한 것이 다양하게 존재하며, 휘발성의 향들은 대개 굽기 과정에서 없어진다. 예를 들면, 발효된 반죽에서는 알코올 향이 강하게 나타나지만, 구워진 제품에서는 이런 향을 거의 맡을 수 없다. 이렇게 남아있는 많은 향들이 빵의 독특한 향을 결정하며, 같은 재료로 만든 빵일지라도 제조 과정의 조그만 변화가 제품의 향을 다르게 나타내기도 한다.

오븐은 작동 원리에 따라 많은 종류가 있지만 오븐의 온도를 나타내는 계기의 표시가 다른 경우도 있다. 우리나라는 섭씨(℃)를 사용하지만, 외국에서는 많은 나라들이 화씨(℉)를 사용하고 있다. 옛날에는 수입 기계들의 단위가 화씨로 표시된 경우가 많아서 사용하기에 어려웠으나 다행히도 이제는 수입되는 모든 기계들은 우리 나라에 맞는 단위로 표시가 되어 있다. 또한 어떤 경우에는 온도가 아니라 단지 숫자로만 표기되어 있는 오븐도 있다. 따라서 외국에서 일을 하거나 단위 표시가 다른 오븐을 사용해야 한다면 〈표 2-2〉를 참조하면 도움이 될 것이다. 190℃에 굽는다면 375℉로 맞춰서 사용하고, 숫자로 표시되어 있는 오븐이라면 5에 맞추어 사용하면 된다.

표 2-2 오븐의 온도에 따른 상태

℃	℉	숫자	상태
107	225	1/4	매우 낮다
121	250	1/2	매우 낮다
135	275	1	낮다(cool)
148	300	2	낮다
163	325	3	보통이다
177	350	4	보통이다
190	375	5	약간 높다(fairly hot)
204	400	6	약간 높다
218	425	7	높다
232	450	8	매우 높다
246	475	9	매우 높다

2-21.
제품의 냉각

빵을 만드는 목적은 팔기 위해서이며, 만들어서 판매되기까지에는 시간이 걸리게 된다. 따라서 빵은 위생적인 이유와 제품의 모양이 망가지지 않도록 포장하는 것이 보통이며, 포장을 하기 위해서 내부의 수분을 증발시키는 냉각 과정은 필수적인 사항이다. 냉각 과정은 식빵류와 같이 잘라서 판매가 이루어지는 경우 자를 때에 영향을 준다. 제품이 너무 뜨거우면 자를 때 찢어지거나 뭉치고, 오래 냉각시키면 자를 때의 손실이 크다. 냉각 과정은 단순히 제품의 온도를 떨어뜨리는 것뿐만 아니라 껍질과 속 부분의 수분이나 향을 고르게 분산시켜서 제품의 맛을 한층 더할 수 있는 과정이기도 하다.

〈그림 2-30〉은 냉각 과정을 나타나며, 주로 수분의 증발(evaporation)로 인한 온도의 감소, 그리고 갓 구워낸 제품의 높은 온도와 실내의 낮은 온도 차이에 의한 전도에 따른 열의 이동(heat transfer)으로 일어나게 된다. 그림에서는 냉각 과정에서 일어나는 껍질과 빵 내부 중앙의 온도 변화를 각각 보여주며, 일반적인 실내온도(25℃)에서 실행한 것이다. 기본적으로 빵은 껍질과 속질 모두 100℃를 넘지 않으

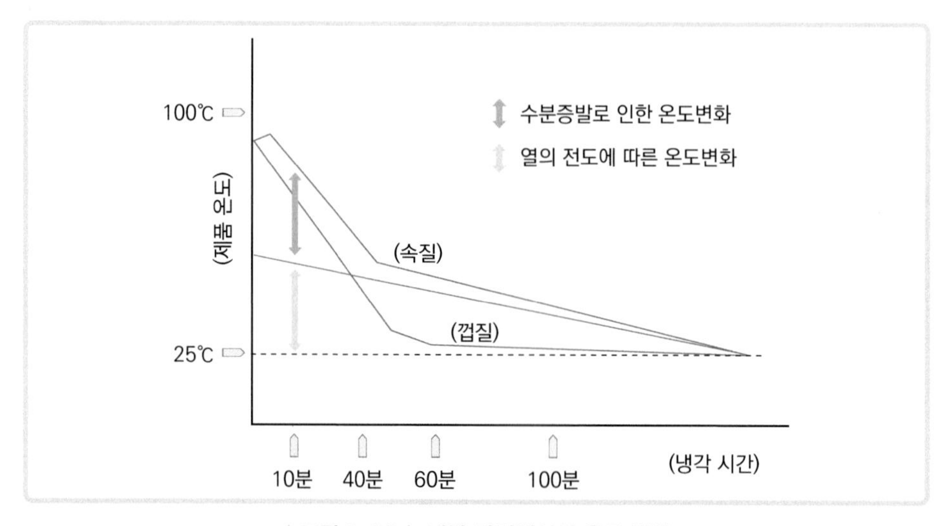

그림 2-30 | 냉각 과정에서의 온도 변화

며, 처음에는 두 가지 요인들이 비슷하게 작동되어 온도가 떨어지지만, 조금 지나면(40분) 껍질의 온도보다 내부 온도가 더 높기 때문에 이때부터는 수분의 증발에 따르는 감소보다는 내부의 전도에 의한 온도 감소가 냉각의 주요 요인이 된다. 따라서 나중으로 갈수록 열의 전도에 의해 온도가 감소되는 것이다. 굽는 온도보다 실내온도가 훨씬 낮으니까 제품을 오븐에서 꺼내 실내에서 냉각하면 처음부터 끝까지 온도가 떨어질 것으로 보이지만, 실제로 속 부분은 오븐과 내부의 잠열 때문에 냉각 초기에는 짧게나마(5분 이내) 온도가 상승한다. 일반적으로 식빵 제품을 냉각시키기 위해서는 실온에서 45-70분 정도가 소요되며, 이때 수분 증발로 무게 손실이 2-3% 생긴다. 제품을 자르기 좋은 온도는 보통 사람의 체온 정도인 32-43℃이다. 그러므로 완전한 냉각을 위해서는 오랜 시간이 필요하며 보통 실내온도에서 60분 정도 냉각한다.

냉각 과정에서 실내 환경은 위생에 직접적인 중요한 문제를 일으키며, 곰팡이의 발생 원인을 제공하기도 한다. 가끔 곰팡이가 발생하지 않는 제품을 판다고 하여 방부제를 사용하는 것이라 생각하는 경우도 있지만 거의 모든 제빵사들은 방부제가 어떻게 생겼는지 구경도 못했을 것이다. 마지막으로 빵은 불순물이 첨가되어 있는 경우를 제외한다면 오븐에서 나올 때까지는 위생상 100점 만점인 제품이며, 아무리 온도가 안 올라간다고 해도 굽는 동안에 빵 속은 100℃ 가까이 유지되고, 껍질 부분도 100℃가 넘으니 그 속에서 살아있을 균이란 없다. 결국, 냉각 과정은 제품을 식히는 온도의 관리도 중요하지만 냉각 과정을 실행하는 작업장의 환경 상태가 더 중요하다고 볼 수 있다.

일반적으로 발효 손실이나 굽기 손실 등 제빵 과정 전체의 무게 손실은 약 10%라고 알려져 있다. 그러나 최종적으로는 소비자가 선택할 때의 무게가 바로 제품의 무게라 볼 수 있으며, 위에서 언급한 두 가지 사항 이외에도 〈그림 2-31〉과 같은 여러 가지 변수들이 존재한다. 대부분은 오븐에서의 굽기 손실(6.2%)과 냉각 과정에서 일어나는 수분 증발로 인한 무게 손실(2.5%)이 되고, 실제 발효로 인해서 일어나는 무게 손실은 제품 전체로 보았을 때에는 0.3%밖에 되지 않는다. 이 외에도 자를 때 속질 부스러기가 생기는 게 0.6%이니 계산하기 쉽게 제빵 과정에서의 무게 손실은 약 10%라고 하는 것이다. 마지막에 이동으로 인한 무게 손실은 제품을 만들고 난 다음 팔기 위해서 이동할 때 생기는 손실이라 보면 되고, 보통 빵집들이야 공장과 매장이 가까우므로 손실이 별로 없겠지만, 대형 공장에서 만들어 차로 배송할 때에는 무게 손실이 1.4%씩이나 있을 수도 있다.

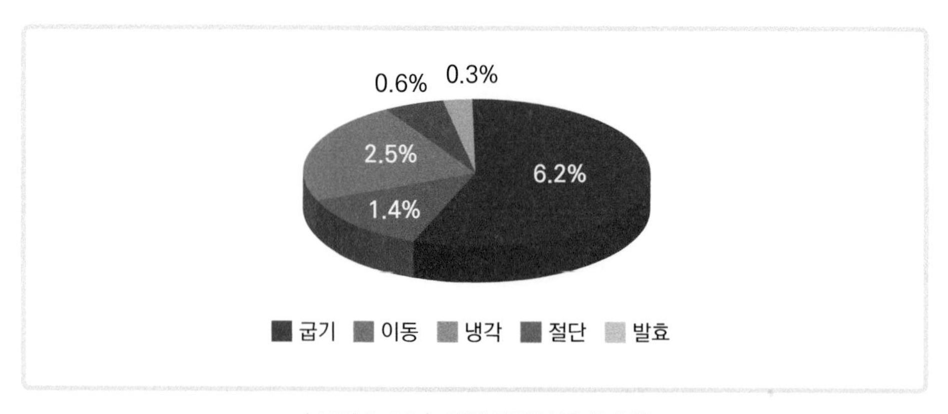

| 그림 2-31 | **제빵 과정의 무게 손실**

2-22.
빵의 변질

빵의 변질은 최종적으로 만들어진 제품을 저장하는 동안에 일어나는 복잡한 현상에 기인한다. 크게는 껍질의 변화와 속질의 변화, 그리고 향의 감소로 나누어 생각해 볼 수 있다. 껍질의 변화를 보면, 갓 구운 제품은 껍질(12%)보다 속질(45%)의 수분이 많아서 냉각하는 동안에 자연히 내부에서 껍질로의 수분 이동이 생겨 최종적으로는 35% 정도의 먹기 좋은 상태가 된다. 따라서 빵은 굽고 나면 껍질이 단단하지만 우리가 먹을 때는 부드러워진다. 이러한 수분의 이동 현상은 보통 식빵 같은 종류에서는 큰 장점이 되지만, 바게트와 같이 껍질이 단단해야 되는 제품에서는 단점이 되기도 한다. 결국 바게트에서는 변질이라 말할 수 있으나 식빵의 경우에는 변질이라 말하지 않는다.

또 다른 껍질에서의 변질은 곰팡이가 생기는 것이다. 이는 곰팡이 균이 살아남지 못하는 굽기의 높은 열을 감안한다면 주로 냉각이나 포장 환경이 좋지 못해서 껍질 부분에서 생긴다. 곰팡이의 종류는 매우 다양하지만 각각의 특징이 있기 때문에 특별히 나쁜 환경이 아니라면 나타나는 곰팡이의 형상을 판단하여 그러한 환경에 노출될 수 있는 공정을 제거하면 쉽게 해결할 수 있다.

속질의 변화를 보면, 제품을 팔기 위해서 저장하는 동안에도 빵 속에 있는 수분이 증발되므로 속질은 건조해진다. 그러나 실제로 이렇게 단단하게 되는 현상은 수분 증발을 제외하더라도 전분의 노화(starch retrogradation) 현상에서 비롯한다. 따라서 빵이 단단해지는 현상을 빵의 변질(staling)이라고 하는 대신에 빵의 노화(retrogradation)라고도 말한다. 빵뿐만이 아니라 우리가 인절미와 같은 떡을 먹을 때에도 하루가 지나면 굳는 것을 볼 수 있으며, 밀가루나 쌀과 같이 전분이 들어가 있는 제품들은 수분 손실 말고도 전분의 노화가 일어나서 단단해진다. 전분은 선형의 아밀로오스와 가지형의 아밀로펙틴으로 구성되어 있으며, 빵 반죽을 구우면 전분의 호화과정에서 아밀로펙틴은 가지상에 남아있으나 아밀로오스는 전분 입자 밖으로 빠져 나오게 된다. 따라서 〈그림 2-32〉에서 보듯이 구운 후에 나타나는 펼쳐져 있는 다공성(amorphous)의 아밀로펙틴과 아밀로오스는 제품을 부드럽게 만든다. 그러나 냉각 과정에서 아밀로펙틴과 아밀로오스는 결정화(crystalline)되어 뭉치게 되므로 제품은 단단하게 변하는 것이다. 이러한 전분의 노화는 대부분의 화학 반응에서와 마찬가지로 역으로도 반응이 일어나기 때문에 60℃ 정도의 약한 불에서도 반응이 일어나서 결정화된 아밀로펙틴이 다공성의 아밀로펙틴으로 변하게 되며, 아밀로오스는 결정화된 상태에서 별로 달라지지 않는다. 따라서 호텔이나 레스토랑에서 음식을 시켰을 때 따라 나오는 빵들이 부드러운 것은 이러한 가역 반응을 이용하는 것이며, 재가열 작업을 통해서도 메일라드 반응에 의한 새로운 향들을 얻게 된다. 빵을 만드는 데 3-4시간이 걸리는데, 고객이 주문을 할 때마다 식당에서 새롭게 빵을 만들 수는 없을 것이다. 또한 계면 활성제와 같은 개량제를 사용하면 아밀로오스 한 쪽에 계면 활성제가 결합되어 노화 과정에서 아밀로오스가 결정화되는 것을 막아주게 되어 그만큼 제품이 부드러워질 수 있다. 일본의 공항에서 파는 많은 떡 제품들이 며칠이 지나도 부드러운 것은 이런 방법들을 이용하는 것이다.

또 다른 속질의 변화로는, 아주 드문 경우가 되겠지만 서브틸리스(subtilis) 종류의 박테리아는 100℃ 가까운 온도에서도 살아남아서 다시 온도나 습도만 충족된다

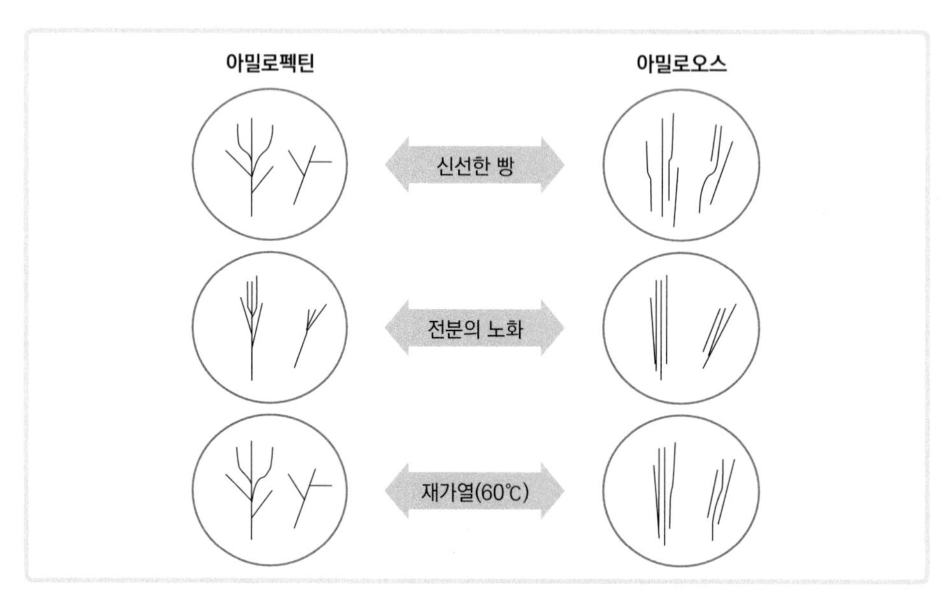

| 그림 2-32 | **전분의 노화**

면 다시 빵 속에 존재할 수 있다. 실제로 극한 조건인 38℃ 이상의 온도에서 5일 이상 충분한 습도를 유지하면서 식빵에서 추출한 박테리아를 전자 현미경으로 찍은 박테리아의 형태는 〈그림 2-33〉과 같이 밧줄 모양으로 생겨 로프(rope) 박테리아라고도 불린다. 이 박테리아는 인체에는 해가 없으나 빵 속의 단백질을 분해하여 제품으로서 가치를 잃어버리게 만든다. 건강에 좋다고 먹는 낫토를 막 비비면 실 같은 것들이 끈적하게 생기는데 이것이 바로 로프 박테리아로 인해 생기는 현상이며, 속질이 물러지는 현상도 함께 나타난다.

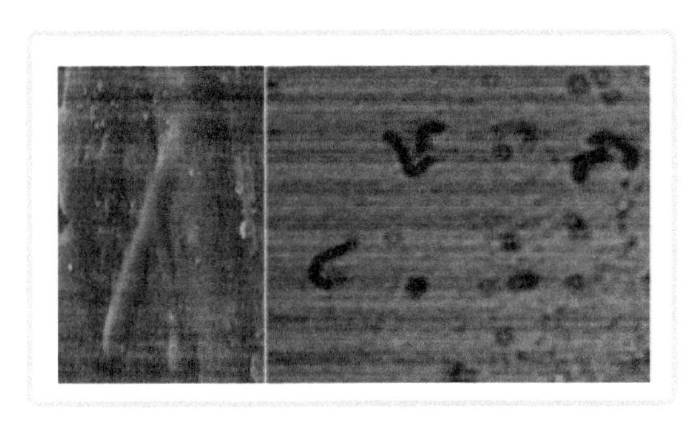

그림 2-33 **로프 박테리아**

마지막으로는 시간이 지남에 따른 당연한 현상으로 향의 감소를 들 수 있다. 수많은 향 성분들 중에서 휘발성 향들이 시간이 경과함에 따라서 점진적으로 없어진다.

빵이 신선하다는 관점은 껍질 부분과 속질 부분의 특성을 함께 말하는 것이기 때문에 그 둘을 따로따로 생각해야 하며, 제빵의 어떤 과정들이 어떻게 영향을 미치는지를 알아보면 다음과 같다. 반죽이나 발효를 막론하고 대부분의 경우, 최적의 상태가 제품의 좋고 나쁨을 결정하게 되어 가장 좋은 상태의 반죽이 신선함을 오래 유지할 수 있다. 발효도 일반적으로는 반죽 상태와 마찬가지이지만, 발효가 긴 경우가 빵 속질의 신선함에는 더 좋은 영향을 나타낸다. 굽기에서도 강한 불에 빨리 굽는 것이 수분의 과도한 증발을 막을 수 있어서 신선도가 좋다. 결국, 제빵 과정에서 반죽이나 발효는 가급적 가장 알맞은 최적 상태를 유지하고, 높은 온도에서 빨리 구워야 한다.

제품의 신선도는 제조 공정 상태에 따라서도 다르겠지만, 반죽 방법에 따라서도 차이가 나서, 급속(no-time) 반죽법이나 직접(straight)법보다는 스펀지(sponge and dough)법이나 액종(brew)법으로 만든 제품의 신선도가 오래간다. 제품 수명을 오래 유지하기 위해서 개량제와 같은 화학 재료를 사용하는 것보다는 천연적인 방법을 선호하는 추세이다. 스펀지법 경우에는 전발효(pre-fermentation)에 들어가는 밀가루의 양을 늘려서 충분한 발효시간을 확보하고 발효를 오래 하면 제품의 수명을 연장시킬 수 있다. 또 설탕과 유지를 많이 넣어서 수분 손실을 막을 수도 있으며, 단단해지는 품질 문제를 제외하고 제품의 수명 관점에서만 본다면 단백질 함량이 높은 밀가루를 사용하면 좋다.

마지막으로는 천연 재료들을 배합에 사용하는 방법이 있는데, 천연 재료로는 식초나 건포도 농축액, 가공된 유장(whey), 그리고 양파와 마늘 등이 있다. 식초는 옛날에는 종종 사용했지만 시큼한 맛 때문에 요즈음은 잘 사용하지 않고, 건포도 농축액은 곰팡이 억제 성분이 있으나 반죽 색을 어둡게 하므로 필요한 제품에서만 사용하며 양파나 마늘도 특유의 향 때문에 특정 제품에서만 사용할 수밖에 없는 제한이 따른다. 실제로 베이커리에서 파는 제품들을 비교해 보면 건포도 식빵의 곰팡이 발생률이 높게 나타나지만 이는 건포도의 보관이나 냉각 및 포장 과정 등에서의 위생관리 부족으로 나타나는 현상일 뿐이다.

2-23.
제빵의 복잡성

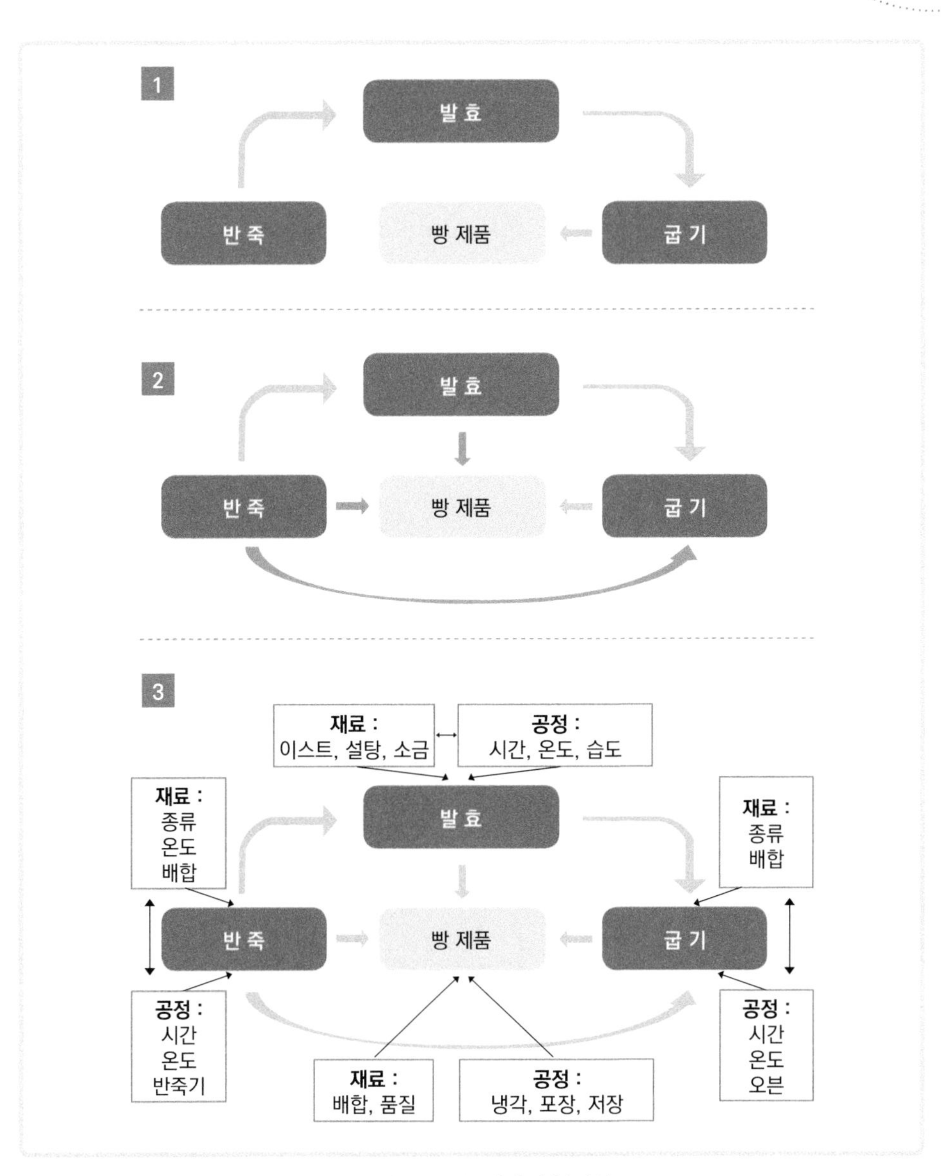

그림 2-34 **제빵의 복잡성**

제빵이란 재료들을 혼합하여 반죽을 만들고, 만들어진 반죽을 발효시켜서 이것을 오븐에서 구우서 빵을 만드는 것이다. 〈그림 2-34〉의 1에서 보듯이 제빵은 간단한 공정을 거쳐 빵의 품질이야 어떻게든 간에 누구나 대충은 만들 수 있는 것이다. 그러나 2에서 보듯이 제빵 과정에는 변수들이 많기 때문에 사람들은 제빵이 어렵다고 말한다. 반죽을 해서 발효시키면 되는데 이 반죽이 굽기에서나 제품에도 영향을 미치고, 또 반죽이 발효에 영향을 미치는 것으로만 끝나지 않으며, 이 변화된 발효가 굽기에 영향을 줄뿐만 아니라 제품과도 연관이 있게 된다. 먼저 그림에서 1과 2를 비교해 보면, 1에는 없던 화살표(진한 표시)가 3개나 생겼으니 어려울 거라고 생각할 것이다. 이렇게 모든 제빵 공정들이 연관이 있으므로 당연히 제빵은 어려운 것이다. 그림의 3을 보면, 기본 포맷은 똑같지만 단지 재료 몇 가지와 제조 공정의 환경만을 가지고 보아도 조그만 화살표들이 아주 복잡하게 연결되어 있는 것을 볼 수 있다. 한눈에 봐도, 어렵겠다는 생각이 저절로 들 것이다. 그렇다고 제과제빵을 미리 포기할 필요는 없다. 세상의 모든 제빵사들이 학문적으로 완벽한 지식을 갖추고 빵을 만들지는 못할 것이다. 그래도 제빵 지식을 알고 있으면 그만큼 제과제빵이 쉬워질 것이다. 먼저, 반죽에 영향을 미치는 요인들이 재료와 또는 공정과 관련되어서 어떤 것들이 있는가를 보면, 같은 재료라 할지라도 재료의 성분에 따라 반죽은 변하게 된다. 가령, 무염 버터나 가염 버터를 쓰는가에 따라서 반죽은 달라질 수 있으며, 마가린과 버터의 반죽 물성도 차이가 나게 된다. 또한 별것 아닌 것 같은 재료의 온도도 중요해서 차가운 물과 미지근한 물로 만든 반죽은 서로 특성이 다르며, 사용하는 유지의 온도도 영향을 미치게 된다. 그리고 마지막에 있는 배합도 사용하는 재료들의 양을 말하므로 중요하다. 공정에서도 반죽하는 시간이나 온도에 따라서 반죽 특성은 달라지며, 심지어는 반죽기의 형태에 따라서도 반죽 상태는 달라지게 된다. 결국, 재료의 온도가 달라지면 당연히 반죽온도에도 영향을 미쳐서 반죽 특성이 다르게 된다. 발효 과정에서도 이스트의 종류뿐만 아니라 이스트의 양이나 품질도 발효에 상당한 영향을 미치게 되고, 설탕은 발효에 필요한 탄수화물의 공급이 될 수 있으며, 소금은 삼투압으로 인한 발효 억제 효과가 있다. 발효 공정에서는 온도와 시간이 직접적으로 영향을 미치겠지만 팽창을 도울 수 있는 습도 유지에도 상당한 영향을 받는다. 굽기에서도 사용하는 재료의 종류나 양에 따라서 구워진 상태가 달라지며, 오븐의 종류에 따라서도 영향을 받는다. 또한 최종적으로는 반죽에 사용하는 재료에 따라서도 굽기 후의 냉각이나 저장성 등에 영향을 주기도 한다. 좋은 빵을 만들기 위해서는 그림에서 언급한 사항들뿐만 아니라 제빵 공정에 영향을 주는 관계는 상당히 많이 있다는 것을 알아야 한다.

서양인들에게 빵은 일종의 주식이다. 그러다보니 자연스럽게 빵에 관한 이론적 연구가 우리보다 앞설 수밖에 없으며, 많은 부분들이 영어로 표기되어 있다. 따라서 우리가 알기에는 같은 뜻일지라도 다른 단어로 표기하는 경우가 있으며, 그것을 올바로 이해하기에는 상당한 지식과 정확한 해석이 필요하다. 예를 들면, 빵의 속질에 있는 기공이란 단어는 형태가 비슷하여 cell(세포)이나 grain(곡식 낟알)으로도 표기되며, crumb cell이 속질의 기공으로 해석되는 반면 yeast cell은 이스트 세포로 해석해야 한다. 또, 어떤 단어들은 비슷하지만 실제로는 약간 다른 뜻이 있는 경우가 있다. absorption이나 hydration은 모두 물과 관계되지만, absorption은 밀가루나 건조 재료들이 물을 흡수하는 양(주로 %)으로 나타내고, hydration은 밀가루가 수화되어 글루텐을 만드는 경우에 사용하는 단어이다. 그리고 어떤 단어들은 좀 더 세분화해서 생각해야 하는데, 갈변반응이라 하면 메일라드 반응과 캐러멜 반응이 있으며, 발효를 뜻하는 단어로는 fermentation과 proofing이 존재하므로 경우에 맞게 해석해야 한다. 마지막으로는 보통 식빵을 말할 때 그냥 bread란 단어를 쓰는 경우도 있지만, 다른 식빵보다 하얗기 때문에 white bread라고도 하고, 팬에 담았다 해서 pan bread, 혹은 white pan bread라고도 쓰며, 주로 토스트 할 때 사용하는 식빵이라 해서 toast bread라고도 한다.

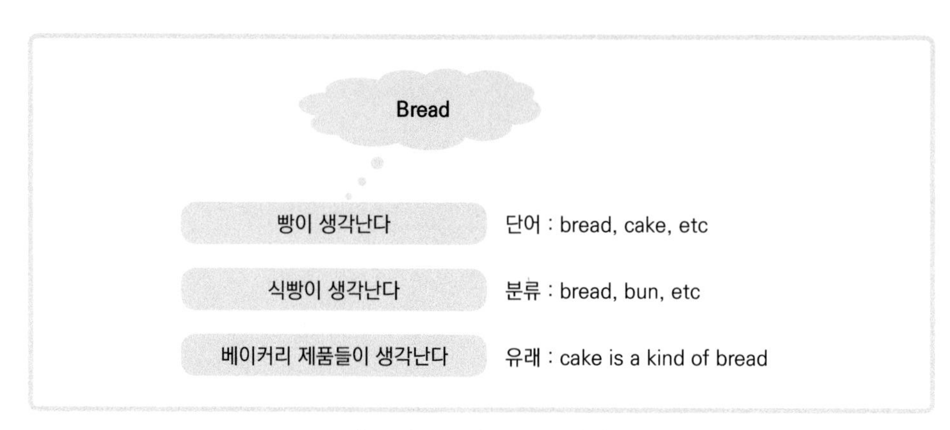

그림 2-35 Bread 생각

'Bread' 단어를 접했을 때 생각나는 뜻이라면 빵이 생각난다고 하는 경우가 대부분일 것이다. 단지 영어 단어로서의 bread를 생각하는 것으로 직업적인 제빵사라면 빵을 분류하는 관점에서 보는 식빵이 떠올라야 하며, 케이크가 일종의 빵이라는 유래를 안다면 모든 베이커리 제품들을 칭하리라고 생각해야 한다. 그것이 제과제빵인 것이다.

2-24. 제빵 용어 퍼즐

좌우상하에 들어갈 영어 단어들을 선택하여 보는 퍼즐이다. 아래에 있는 영어 문장으로 설명을 제시하며, 정답은 따로 나타낸다.

〈가로〉

1. A characteristic of flour to take up and retain water.
6. A rheological characteristic of bread dough.
9. It is a living organism and a essential ingredient in breadmaking.
10. To heat sugar until brown and a characteristic flavor develops at 150℃.
12. The appearance of the bread crumb as determined by the air pockets, the cell structure.
14. To mix dough using a pressing and folding motion, turning and folding the dough onto itself until gluten strands form.
15. One recipe of a dough or batter. An amount produced at one mixing.
16. Rectangular loaves of sandwich bread with flat tops and even texture.

〈세로〉

2. It removes some of the gas bubbles formed by the yeast during rising and produces a finer grain. It also redistributes the yeast cells.
3. When yeast breads begin to bake, they will have a rapid growth until the yeast dies.
4. Another name of pan.
5. The amount of water in doughs affects its viscosity or consistency.
7. It gives the taste and controls the rate of yeast fermentation.
8. A freestanding rectangular oven that has a series of well-insulated shelves stacked on top of one another, also known as a stack oven.
11. A bread starter consisting of flour, water and wild yeasts. in French.
13. It is a gluten protein in wheat flour and expresses the viscous characteristic of dough.

Breadmaking Puzzle

힌트

batch : 한 제품을 위한 하나의 반죽

tin : 대부분의 팬은 주석 성분

deck oven : 단(층)과 열로 구성된 대부분의 오븐

Breadmaking Puzzle Key

a	b	s	o	r	p	t	i	o	n							
					u											
		o			n							t				h
		v	i	s	c	o	e	l	a	s	t	i	c	i	t	y
		e			h					a		n				d
		n								l						r
d		s				y	e	a	s	t						a
e		p														t
c	a	r	a	m	e	l	i	z	a	t	i	o	n			i
k		i				e										o
o		n				v						g	r	a	i	n
v		g				a						l				
e						i						i				
n					k	n	e	a	d		b	a	t	c	h	
												d				
												i				
						p	u	l	l	m	a	n				

2-25. 냉동 이론

냉동이란 액체 상태의 물이 낮은 온도에서 고체 형태로 결정화되는 것이다. 냉동 과정을 알기 위해서는 냉동 곡선(freezing curve)과 얼음 입자 형성(ice crystal formation) 과정을 이해할 필요가 있다. 일반적으로 물은 0℃에서 언다고 알려져 있지만, 실제로는 제품이 갖고 있는 잠열에 의해서 온도가 0℃ 이하로 떨어졌다가 소폭 상승하게 된다. 〈그림 2-36〉을 보면, 온도가 낮아질수록 물의 온도도 낮아지지만, S라고 표시되어 있는 최냉점(super cooling point)을 지날 때까지는 얼지 않으며, 이 상태를 지나면 다시 온도가 올라가다가 0℃ 근처 이하에서부터 얼기 시작한다. 이 점을 초기 동결점(initial freezing point)이라 한다. 그 후에는 쭉 급속하게 온도가 떨어지고, 어느 순간부터는 떨어지는 속도가 완만해지는데 이 점을 공융점(eutetic point)이라 하여 이때까지가 전체의 수분 중 80%가 얼음이 된 상태를 말하는 최대 빙결정 생성대이다. 100% 냉동시키기에는 비용이 부담될 뿐만 아니라 시간도 많이 걸리기 때문에 이 상태를 냉동되었다고 말한다. 그림에서는 일반적인 냉동 곡선만을 보여 주었으나, 제과제빵 제품은 한 가지 재료가 아닌 여러 가지 재료를 사용해야 하므로 재료의 종류나 양에 따라서도 곡선의 형태가 달라질 수 있다. 따라서 제과제빵에서의 냉동 제법은 매우 어려운 작업에 해당한다.

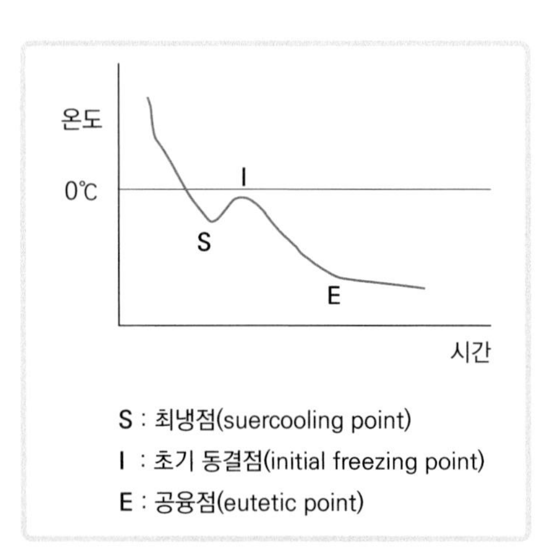

| 그림 2-36 | **냉동 곡선**

얼음의 형성 과정을 보면, 초기 동결점을 지나서 빙핵(ice nucleation)이 먼저 생기고, 이 결정체들이 커져서 얼음이 된다. 물론 물 상태나 물 속에 들어 있는 용질에 따라 달라진다. 식품을 냉동할 때 급속 냉동을 하는 이유는 완만 냉동에 비해 짧은 시간에 많은 빙핵들이 생길 수 있기 때문

이며, 결과적으로 제품 속 얼음 결정체들의 크기가 작아져서 해빙 시 제품에 냉해를 덜 끼치기 때문이다. 또한 냉동 기간 중의 온도 편차는 매우 중요한데, 이 과정의 반복이나 편차는 제품의 냉동 상태에 직접적인 영향을 미친다. 예를 들면, 한번 냉동됐던 제품이 온도의 편차에 의해서 겉이 녹게 되면 남아있는 커다란 빙핵을 기초로 해서 큰 얼음 결정체가 다시 생성되어 결과적으로는 냉동 제품을 해빙시켰을 때 더 커다란 조직 손상을 받게 된다. 냉동과 해빙의 온도 편차는 −18℃를 기준으로 약 3℃ 이하여야만 손상을 방지할 수 있다. 즉, 섭씨 −18℃의 냉동에서도 만약에 편차가 5℃라면 제품 표면이 녹았다 다시 얼었다 하는 과정이 반복되기 때문에 나쁜 것이다.

냉동 곡선은 재료의 사용뿐만 아니라 냉동 온도에 따라서도 형태가 다르게 나타난다. −10℃에서는 대체로 공융점이 나타나지 않기 때문에 이 상태는 불충분한 냉동에 해당하고 −20℃와 −40℃로 냉각시킬 경우에는 각각 공융점들이 나타나서 이 온도들을 제과제빵에서의 냉동 기준 온도로 삼고 있다. 따라서 가장 좋은 −40℃까지 냉동시키면 좋겠지만, 냉동고에 드는 비용 증가를 고려해서 최소한 −20℃를 유지하고 있다. 여기서 냉동 온도란 냉동고 실내의 온도가 아니라 반죽이나 제품의 내부 온도를 말하며, 일반적으로는 −40℃에서 급속 냉동을 시킨 후, −20℃의 상태에서 보관한다. 이렇게 냉동 온도가 매우 낮은 냉동고는 비싸기는 하지만 그만큼 온도 편차도 없기 때문에 제법 큰 빵집에서는 몇천만 원 하는 비싼 냉동고를 사서 사용하는 것이며, 소규모의 보통 빵집들은 값이 싼 일반 냉장고나 냉동고를 이용해서 간단히 쿠키나 파이 종류들을 만들면 된다.

2-26.
제빵의 냉동 제법

제빵에서 냉동제법을 사용하는 이유는 많이 있지만, 대체로 네 가지를 생각해 볼 수 있다. 첫째, 빵집에서 생산량이나 품목이 항상 일정할 수는 없기 때문에 작업량이 적은 날에는 미리 만들어 놓아도 되는 제품들(주로 쿠키나 페이스트리)을 만들어 냉동시켜 놨다가 필요할 때 굽는 것이다. 둘째, 대량 생산 업체들 같은 경우에는 완제품을 만들어서 각 점포마다 배송하다 보면 제품이 망가지는 경우가 많기 때문에 냉동된 제품을 배송한다면 그만큼 파손될 여지가 줄어들게 된다. 셋째, 크리스마스와 같이 특정일을 기해서 한꺼번에 많은 양이 필요할 때 미리 만들어 냉동 보관하는 것이다. 예를 들어서 12월에 접어들면 벌써 대도시 인근에 있는 냉동 창고에는 수많은 케이크들이 만들어져 보관된다. 마지막으로는 판매 시장이 날로 커지니 판매량을 맞추기 위한 고육지책이라 볼 수 있다. 그러나 일반 빵집에서 냉동제법을 사용하는 이유는 대부분 첫 번째에 있는 제품의 생산 계획에 맞게 사용하는 것이기 때문에 생산 인력이 충분하다면 소규모 동네 빵집에서는 이런 냉동제법을 사용할 필요가 없을 수도 있다.

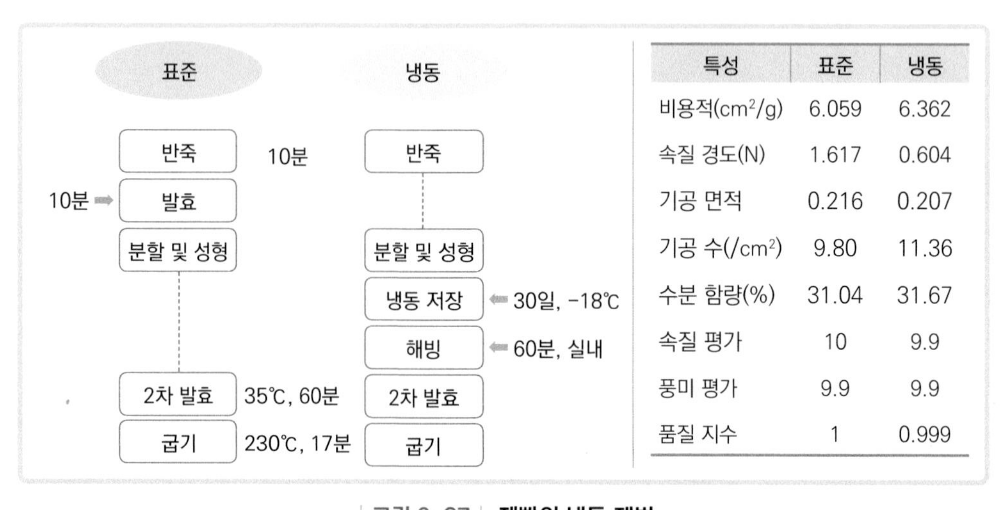

특성	표준	냉동
비용적(cm^2/g)	6.059	6.362
속질 경도(N)	1.617	0.604
기공 면적	0.216	0.207
기공 수(/cm^2)	9.80	11.36
수분 함량(%)	31.04	31.67
속질 평가	10	9.9
풍미 평가	9.9	9.9
품질 지수	1	0.999

그림 2-37 | **제빵의 냉동 제법**

제빵에서의 냉동 제법에는 크게 반죽을 냉동하였다가 사용, 성형을 하여 냉동시키기, 완제품을 냉동으로 보관하는 등의 경우가 있다. 그러나 소규모의 빵집에서 빵 반죽을 냉동하여 사용하는 경우는 없으며, 자동으로 냉동과 발효를 실행할 수 있는 도우콘을 사용하는 경우라도 성형까지 마친 후 도우콘에 넣게 된다. 또한 케이크 종류를 제외한다면 빵 제품들을 완제품으로 냉동하는 경우는 없다. 〈그림 2-37〉에서 냉동 제법으로 만든 식빵의 과정과 제품 특성을 보면, 일반적인 제조 과정과 냉동 제법에는 단지 발효 과정의 차이가 있을 뿐이다. 발효를 마친 반죽을 냉동하려면 상당한 과학적인 관리가 필요하기 때문에 무척 어려워서 냉동 제법의 초기에는 엄두도 못내었지만 최근에는 이를 극복하여 발효된 반죽을 이용하기도 한다. 흔히들 냉동 제법으로 빵을 만들면 발효 시간이 거의 없어서 맛과 향이 떨어진다고 알고 있지만 발효에 관여하는 이스트는 높은 온도에서 죽을 뿐이며, 냉동 저장 중에도 미세하나마 약간의 발효는 진행되고 냉동된 반죽을 해빙하는 시간 동안에서도 맛과 향을 얻을 수 있을 만큼의 충분한 시간이 확보된다. 〈그림 2-37〉에서 보듯이 성형까지 마친 반죽을 30일 동안 −18℃에서 냉동시켰다가 1시간 실내 해동을 시켜 만든 빵과 보통의 방법으로 만든 빵의 특성 비교를 보면, 비용적으로 나타내는 부피는 오랜 저장기간과 보통 방법으로 만들 때 1차 발효 시간이 짧았던 관계로 인해서 해빙시간이 길었던 냉동 제법의 경우가 더 좋았고, 속질도 더 부드럽다. 전체적인 기공의 면적은 냉동의 경우가 적었으나, 기공 수가 많다는 것은 그만큼 작은 기공이 많이 있어서 부드러움에도 좋은 역할을 하는 것으로 나타났으며, 그 외의 수분함량이나 속질, 풍미 평가에서도 비슷한 결과가 나타났다. 따라서 전체적인 품질의 특성 평가는 거의 비슷한 것으로 나타났으며, 시중에서 말하는 냉동 제품은 별로다 하는 결과는 아닌 것이다. 한 가지, 실험에서 파악하지 않은 향 특성도 대부분의 남아있는 특유의 빵 향들이 굽기 과정에서 비롯되기 때문에 냉동 제법이라 하여 크게 뒤떨어지지는 않는다.

냉동 제빵의 경우 품질 보완을 위해 생각해 볼 관점들은 많지만, 결국에는 어떻게 하면 가스 생성력을 높이고, 가스 보유력을 높일 수 있는가 하는 것이다. 냉동 온도에서도 약하나마 이스트의 활성은 일어나며, 냉동과 해빙이 반복되면 그만큼 제품도 냉해를 입게 되어서 정상적인 제품이 될 수 없다. 이스트는 낮은 온도에서 활성을 잃을 뿐만 아니라 가스의 생산 능력 또한 감소하기 때문에 냉해 방지용 특수 이스트를 사용하거나, 보통보다는 많은 이스트를 사용하게 된다. 그리고 이스트는 냉동 기간 동안에 글루타치온이라는 환원성 물질을 배출하여 글루텐의 힘을 약화시키기 때문에 가스 보유력 또한 현저하게 떨어진다. 따라서 이스트를 물에 먼저 풀어서 쓰는 경우라도 반드시 찬물이 아니라 미지근한 물에 풀어서 사용해야 한다.

실험에 의하면 냉동한 지 하루가 지나면 가스 생성율은 97%로 떨어지고, 냉동 기간이 길어질수록 더 떨어져서 70일이 지나면 가스 생성율은 거의 55%로 떨어진다. 또, 같은 7일이 경과하더라도 그사이 온도 편차로 인해서 부분 해빙과 냉동이 반복된다면 똑같이 37일을 냉동시킨다 해도, 편차가 0.4℃인 경우 6.7%가 감소되는 반면에 ±2℃ 편차가 있는 냉동고에서는 19.5%나 감소가 된다. 따라서 냉동고의 온도 편차는 상당히 중요하다. 쉽게 생각하면, 김치를 항아리에 담아서 땅에 묻거나 김치 냉장고를 사용한다면 저장 기간 동안에 온도 편차를 줄일 수 있기 때문에 더욱 좋은 방법이 되는 것이다.

이 외에도 밀가루는 가스 보유력을 높이기 위해서 단백질 함량이 많은 밀가루나 더 많은 양을 사용하고, 반죽의 수분 흡수율은 얼게 되는 자유수를 줄이거나 제품의 형태를 유지하기 위해서 줄여준다. 수분의 증발을 막기 위해서는 수분 보유력이 뛰어난 설탕이나 유지를 더 넣어주며, 유지의 경우에는 가스 보유력에도 도움을 주게 된다.

냉동 제법으로 만든 제품의 결함은 다양하게 나타난다. 먼저, 반죽은 냉동이나 해동 과정에서 표면이 건조되기 쉬우며, 완만 냉동이나 냉동 온도 편차가 클 경우 껍질 부분이 터지는 경우가 발생되기도 한다. 또, 적절한 재료의 배합 변화를 주지 않으면, 대체로는 이스트 활성의 저하나 가스 보유력의 감소로 부피가 작아지는 경우가 대부분이다. 그리고 냉동 기간 중에 마르는 것을 방지하기 위해서 보통 포장해서 저장고에 넣기 때문에 그 기간 동안에 속에 있는 수분이 겉으로 나와 응축되는 현상이 발생하여 구웠을 때 광택이나 흰 반점들이 껍질 부분에 생기기도 한다. 또한, 긴 시간 동안 일어나는 알파 아밀라제의 활동으로 껍질 색이 진하게 되고, 불규칙한 가스 생성으로 인해서 큰 기공들이 생길 수 있다.

2-27.
빵의 평가

소비자는 빵집에 가서 식빵을 살 때 맛을 보거나 속이 어떤가 볼 수 없으니, 그저 외형적인 부피나 모양, 그리고 색깔 정도만 보고 제품을 선택하게 된다. 즉, 100% 제품의 외형만 보고 평가를 내리게 되는 것이다. 그러나 자격증 시험을 볼 때나 직업적인 제빵사라면 부피와 껍질과 같은 외형적인 평가뿐만 아니라 제품의 속질에 대한 평가를 함께 하게 된다. 이러한 평가의 기준은 나라마다 약간씩은 다를지라도, 〈그림 2-38〉과 같이 대부분 빵 내부의 평가에 더 많은 점수를 주어 평가한다. 좀 아이러니하지만 소비자들은 볼 수도 없는 속질 평가가 70점이나 되는 것이다. 일본 같은 경우도, 외형적 평가에 30점, 속질 평가에 70점은 같으나 더 세세한 부분에서 약간씩 점수 차이가 있을 뿐이다.

우리나라는 대부분의 나라와 마찬가지로 빵 평가의 표준이라 할 수 있는 미국의 기준을 그대로 따서 사용하고 있다. 기준에 따르면 30%의 외형 평가와 70%의 속질 평가로 나뉘며, 외형적 평가 30점에는 부피 10점, 껍질 색 8점, 제품의 균일한 형태 3점, 껍질이 균일하게 구워진 정도 3점, 주로 껍질의 두께를 보는 껍질의 특성이 3점, 그리고 껍질과 옆면의 터짐성으로 표현되는 터짐성이 3점이다. 터짐성은 그림에서 점선 화살표로 표시한 부분으로 팬의 맨 위와 그 이상의 반죽 사이에서 일어나는 현상이다. 하나는 위아래로 터진 break이고, 나머지는 shred인데 이는 옆으로 터진 부분으로 break를 자세히 보면 발견할 수 있다.

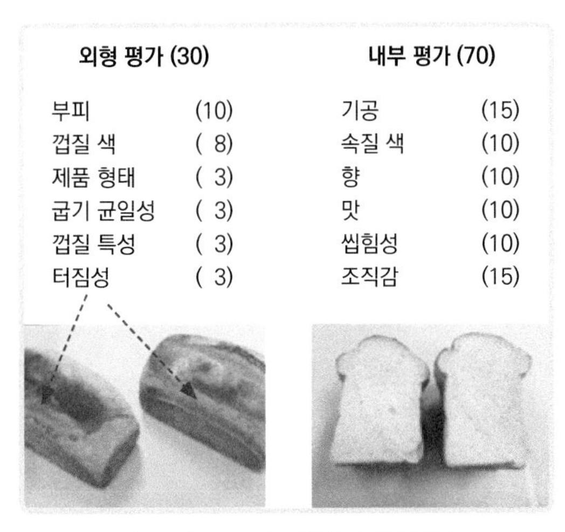

외형 평가 (30)		내부 평가 (70)	
부피	(10)	기공	(15)
껍질 색	(8)	속질 색	(10)
제품 형태	(3)	향	(10)
굽기 균일성	(3)	맛	(10)
껍질 특성	(3)	씹힘성	(10)
터짐성	(3)	조직감	(15)

그림 2-38 식빵의 평가 기준

속질 평가는 70점으로 상당히 점수가 높으며, 제일 중요하게 여기는 항목은 기공의 크기나 균일성, 조직감 등과 같이 속질의 부드러운 정도를 말하는 속질의 구성 평가로 각각 15점이다. 이 두 항목 점수들만 합해도 외형 평가 점수와 같으니 얼마나 속질에 대한 평가가 중요한 항목인지 알 수 있다. 이 외에도 속질 색, 향과 맛, 그리고 씹힘성 등에 각각 10점씩 배정되어 있다. 문제는 제품의 구매는 만드는 사람이 파는 것이 아니라 소비자가 선택함에도 불구하고 소비자들이 제품의 속을 살펴보고 결정하지는 못한다는 것이다. 결국, 소비자의 관점에서 본다면, 외형적인 가치가 더 크다고 말할 수 있겠다.

제품의 품질을 이렇게 보거나 손으로 만져봐서만 하는 평가는 사람에 따른 주관적인 평가일 수밖에 없으며, 진정으로 과학적인 뒷받침이 되는 평가라고 말할 수는 없다. 그래서 객관적이고도 과학적인 분석이나 평가를 내리기 위해서 많은 종류의 분석 기기들이 사용되고 있다. 기기를 이용해서 쉽게 분석할 수 있다고 해서 공부를 덜해도 된다는 것은 아니며 오히려 더 많은 공부가 필요하다. 기계나 프로그램은 자동적으로 계산되어 작동하지만, 올바른 정보를 파악하고 정확하게 설명하기 위해서는 그만큼 많은 지식이 필요하며, 올바른 분석을 하기까지는 매우 어렵다. 분석을 위해서는 대체로 3단계의 수준이 있는데, 초기 단계는 단지 영상을 얻는다든지 프로그램을 실행하는 단계이지만, 다음 단계에 들어서면 분석할 사항들을 하나하나 점검하고, 그에 맞게 다시 분석해야 하며, 마지막 단계로는 이러한 결과들을 놓고 최종적으로 설명할 수 있어야 한다. 기계를 다루는 방법을 새로 배워야 하는 것뿐만 아니라 초기 단계부터 마지막 단계까지의 지식을 갖추어야 하기 때문에 제빵이란 정말 매우 어려운 학문이 될 수도 있다.

흔히 사용하는 분석 기기들의 종류는 수분 흡수율이나 최적 반죽 시간 등의 밀가루의 특성을 파악할 수 있는 패리노그래프(farinograph), 반죽의 물성을 알아내는 믹소그래프(mixograph), 반죽이 늘어나는 신전성만을 측정하는 익스텐시그래프(extensigraph), 만능 분석기라 불리는 텍스처 분석기(texture analyser), 스캐너의 영상 분석을 바탕으로 평가를 도출하는 크럼스캔(crumbScan) 등이 있다. 앞의 세 기기들의 명칭은 그래프(graph)라 하고, 이 기기들을 이용해서 얻은 결과는 그램(gram)이란 단어를 사용하므로 용어의 사용에 주의해야 한다. 만능 분석기도 기기 하나로 모든 특성을 파악할 수 있는 것은 아니며, 사용하는 목적에 따라 다양하게 있는 분석 장치들을 새롭게 바꾸어 주어야 한다. 마지막으로 크럼스캔 소프트웨어는 비교적 최신 과학의 산물인 컴퓨터와 스캐너를 이용해서 제품의 특성을 쉽게 측정할 수 있으며, 빵과 케이크의 속질뿐만 아니라 식품에 일반적으로 사용하는 종자 치환법과 비교해서 90% 이상의 유의성으로 부피까지도 측정할 수 있다.

2-28.
페이스트리 공정

제빵 품목들 중에는 하나의 반죽을 가지고 충전물이나 토핑만을 달리해서 여러 종류의 제품을 만들 수 있는 고부가 제품이 있으며, 이것들은 페이스트리나 파이같이 얇은 층의 구조로 이루어진다. 이런 것들은 보통 빵 보다는 보존 기간이 길어서 빵집에서는 쉽게 판매 품목을 증가시킬 수 있는 제품들이다. 물론 미국식의 피칸 파이나 애플 파이같이 층이 없는 제품들도 있으나, 반죽을 만드는 방법이 비슷하고, 또 파이 껍질을 만들기 위해서 얇게 밀어야 하기 때문에 이 부류에 속하게 된다. 페이스트리 반죽을 사용해서 만드는 제품들에는 이스트를 사용하느냐에 따라서 저배합 반죽의 크루아상이나, 데니시와 같이 우유나 계란 같은 고배합 재료를 사용하는 제품들과, 또는 이스트가 들어가지 않는 퍼프 페이스트리가 있다. 이런 반죽을 가지고 피복용 마가린이라 불리는 유지로 피복시켜 만들면 된다. 물론, 반죽을 만들 때에도 유지를 사용하지만 이 경우는 충전용 유지로서 반죽할 때에 들어가는 것이며, 피복시키는 유지는 피복용 마가린(roll-in-fat)이라 한다. 경우에 따라서는 fat을 빼고 roll-in으로만 표현하는 경우도 있으므로 문장에서 roll-in이라고 나오면 밀

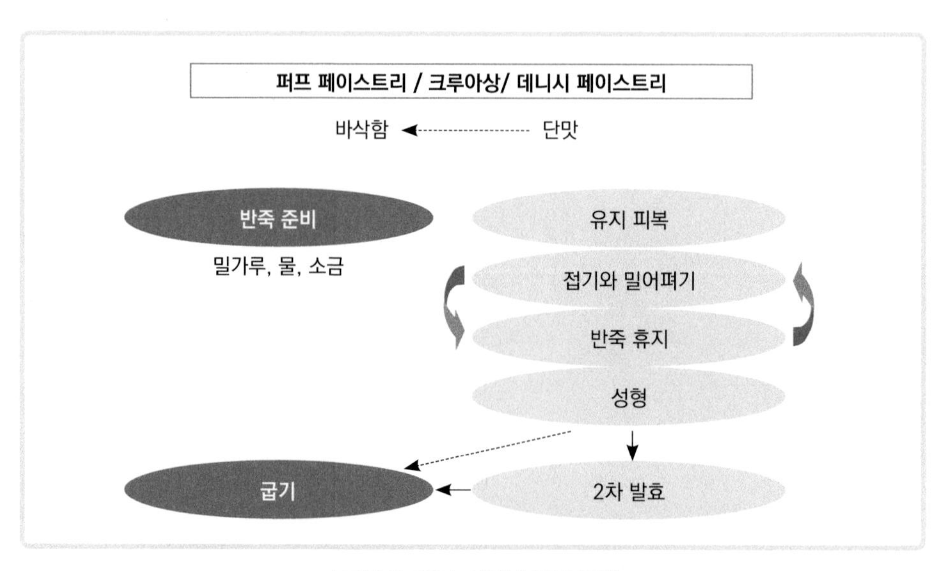

그림 2-39 **페이스트리 공정**

어 피는 작업 과정을 말하는지 아니면 피복용 유지를 말하는지를 판단해야 한다.

페이스트리 전체 공정을 보면 〈그림 2-39〉와 같다. 대표적인 제품으로는 퍼프 페이스트리, 크루아상, 데니시 페이스트리가 있으며, 순서대로 퍼프 페이스트리로 가까이 갈수록 제품은 바삭한 반면에 데니시 쪽으로 갈수록 빵과 같은 속질을 갖고 좀 더 달다. 처음 반죽 준비할 때 사용하는 재료들을 보면, 아주 극단적인 예이지만, 제빵의 기본적인 재료들인 밀가루, 물, 소금, 이스트(퍼프 페이스트리는 제외)만을 가지고 비싼 재료가 들어가지 않는 반죽을 만들게 되며, 워낙 피복용으로 많은 유지를 사용하고 또 맛있는 충전물이나 토핑 등을 사용하므로 반죽에 비싼 재료를 사용할 필요는 없다. 반죽을 얇게 밀어서 유지를 피복(roll-in)하고 반복해서 하는 접기(folding)와 밀기(sheeting) 작업도 일종의 반죽 과정이라 볼 수 있기 때문에 처음 반죽을 만들 때에는 클린업 단계 정도나 약간 그 이상 정도만 필요로 한다. 결국 반죽 단계에서 글루텐 발전을 완전하게 시키는 것은 아니다. 그리고 1차 발효는 필요 없으며, 피복용 유지를 넣고 내가 원하는 층이 나올 수 있도록 밀어피고 접는 과정을 반복하면 된다. 한 가지 제빵에서 둥글리기 한 다음에 휴식을 위해서 중간 발효가 필요한 것과 마찬가지로 반죽이 잘 늘어나지 않으면 반죽으로 하여금 휴지 시간을 주어 다시 회복되는 시간이 필요하다. 보통 책들을 보면, 한 번의 접기와 밀기가 끝나면 냉장고에서 15-20분 넣었다가 다시 작업을 하라고 하지만 실제로는 반죽을 밀어 필 때 잘 늘어나기만 한다면 밀고 피는 작업을 두 번 연속적으로 해도 상관은 없다. 밀고 접는 과정은 상당히 힘이 드는 작업으로 밀가루 2kg 정도로 반죽을 만드는 경우에도 어렵게 된다. 따라서 근래에는 반죽을 쉽게 밀기 위해서 파이 롤러 기계를 많이 사용하고 있다. 그러나 수작업으로 할 경우에는 손의 감각에 의해서 쉽게 압력을 조절할 수 있으나 롤러기는 정해진 압력에 따라 반죽을 필 뿐이므로 자칫 반죽에 손상이 갈 수 있다. 즉, 롤러가 돌아가는 속도와 반죽이 빠져 나가는 속도가 맞지 않게 되어 밀어 피는 과정에서 반죽이 말려 들어가 반죽과 유지 층이 파괴되는 것이다. 이러한 압축의 정도는 50-70% 이상일 때에 치명적인 결과를 초래하게 되며, 만일에 10cm 두께의 반죽을 3cm로 하고 싶다면 처음부터 기계를 3cm로 맞추지 말고 처음 두께의 절반인 5cm로 한 번 밀고 나서 두 번째로 3cm 두께의 반죽을 만들어야 한다. 그림에서 굽기 과정이 점선과 실선으로 화살표 방향이 되어 있으며, 실선 방향으로는 2차 발효 단계를 거치므로 이스트와 관련된 제품들인 크루아상과 데니시를 말하며, 점선 방향은 이스트가 들어가지 않으므로 2차 발효 없이 굽는 퍼프 페이스트리이다. 마지막으로는 성형이 끝난 후에도 반죽이 수축되기 때문에 성형작업을 하기 전에는 완전히 수축현상이 끝날 때까지 기다렸다가 성형을 해야 한다.

페이스트리 제품을 만들 때 주의할 점들을 보면 반죽과 유지의 되기가 같아야 단단한 유지로 인한 반죽의 손상이나 무른 유지가 새어 나가는 것을 방지할 수 있다. 그리고 반죽을 밀어 피거나 마지막 성형 작업에서도 반죽의 두께는 반죽 전체에 걸쳐서 일정한 두께를 가져야 하며, 최종 단계에서의 휴지기간은 반죽에 생겨난 글루텐으로 인한 수축현상 때문에 반드시 충분히 휴지 시간을 두고 마지막 재단 작업을 마쳐야 한다. 또한 성형하기 전의 반죽은 매우 얇은 반죽과 유지 층으로 되어 있기 때문에 무딘 날의 칼로 재단하면, 굽기에서 반죽의 팽창을 저해하는 부분이 생길 수 있으므로 재단 시에 사용하는 칼은 아주 얇고 날카로워야 한다. 2차 발효를 한다면 사용하는 유지의 융점보다 높은 온도에서는 굽기도 전에 반죽 바깥으로 흘러나오게 되므로 발효실의 온도를 낮춰줄 필요가 있다. 또, 팽창 요인이 이스트뿐만 아니라 유지와 반죽에 막혀 있는 수증기 압력에 따른 팽창도 있으므로, 빵에 비해서 2차 발효를 70-80% 정도만 한다. 오븐온도도 중요해서 온도가 너무 높으면 제품이 굳기도 전에 유지가 흘러나와 제품의 맛뿐만 아니라 모양과 부피에도 큰 영향을 준다. 실제로 페이스트리 종류를 굽고 나서 팬에 유지가 녹아 있다면, 반드시 굽기온도를 조정해야 하는 것이다.

빵 제품의 부피에 관여되는 요인들도 상당히 많이 있지만 페이스트리 제품의 경우에는 더욱 여러 가지의 요인들이 작용될 수 있다. 만일에 페이스트리 제품의 부피가 작았다면 반죽을 너무 과도하게 접거나 부족할 경우, 남은 반죽의 재사용 정도, 성형 칼의 무딤, 잘못된 밀가루 사용, 유지의 되기, 반죽과 유지의 되기 조절, 발효실 상태, 오븐온도 등을 생각해야 한다. 따라서 고부가 제품이 고부가 비용으로 전락할 수도 있다.

2-29. 페이스트리 피복과 접기

피복용 유지(roll-in fat)는 버터나 마가린 혹은 쇼트닝을 사용하는 경우도 있으며, 버터나 마가린 한두 종류를 섞어서 사용하기도 하지만 요즈음에는 피복용 마가린이라 하여 따로 판매되고 있어서 옛날만큼 유지의 크기를 반죽에 맞추느라 어려운 것은 없다.

〈그림 2-40〉에서 보듯이 유지를 피복하는 방법은 4가지가 있으며, 각각 제품에서의 활용성이 다르게 나타난다. 먼저, 영국식 방법은 전통적인 방법으로 밀어 편 반죽의 2/3를 유지로 덮고 마는 것으로 페이스트리 제품의 부피가 좋은 장점을 가진다. 프랑스식 방법은 유지를 반죽 위에 놓고 네 모서리의 반죽을 펴서 감싸는 방법으로 편지 봉투를 뜻하는 단어를 사용하여 봉투 접기(envelop method)라고도 하며, 주로 부피보다는 맛을 중요시할 때에 사용하나 대부분의 경우 실제로는 영국식 방법과 큰 차이를 느낄 수는 없다. 스코트랜드 방식은 반죽 위에 유지를 조금씩 바르는 방법으로, 위의 2가지 방법보다는 반죽에 유지의 크기를 맞출 필요가 없어서 피복작업을 수월하게 할 수 있다. 많은 제빵사들이 이렇게 하면 페이스트리가 잘 안

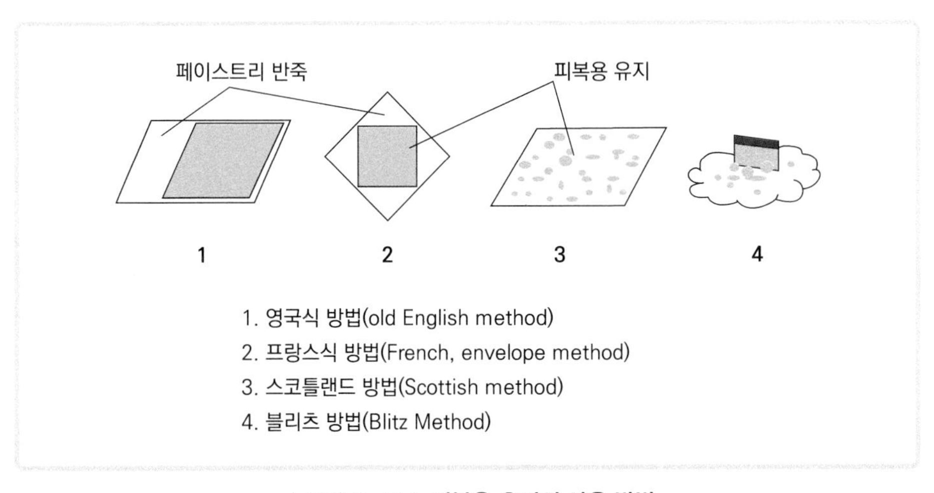

그림 2-40 **피복용 유지의 사용 방법**

된다고 하나 실제로 해보면 퍼프 페이스트리와 같이 층이 많은 제품에서도 훌륭한 결과를 나타낼 수도 있다. 마지막으로는 블리츠(blitz) 방법이라 하여 밀가루와 기타 건조 재료들을 혼합한 것에 유지를 콩알만큼 잘라 가면서 마지막으로 물을 넣고 반죽을 마치는 속성 방법이며, 이 방법은 반죽과 유지의 층이 많이 필요한 페이스트리 종류에는 적용할 수 없고 주로 파이나 소형 타르트를 만들 때에 많이 사용하는 방법이다. 피복 과정에서 주의할 점은 페이스트리 반죽의 파괴나 층을 이루어야 하는 유지의 손실을 막기 위해서 반죽과 유지의 되기가 같아야 한다는 것과 작업하는 동안에도 유지가 녹지 않도록 가급적 손의 열이 미치지 않도록 해야 한다. 그래서 관리가 잘되어 있는 대량 생산 업체의 페이스트리 라인을 가보면, 심지어는 겨울철에도 에어컨을 가동시켜서 작업장 환경에 많은 신경을 쓴다.

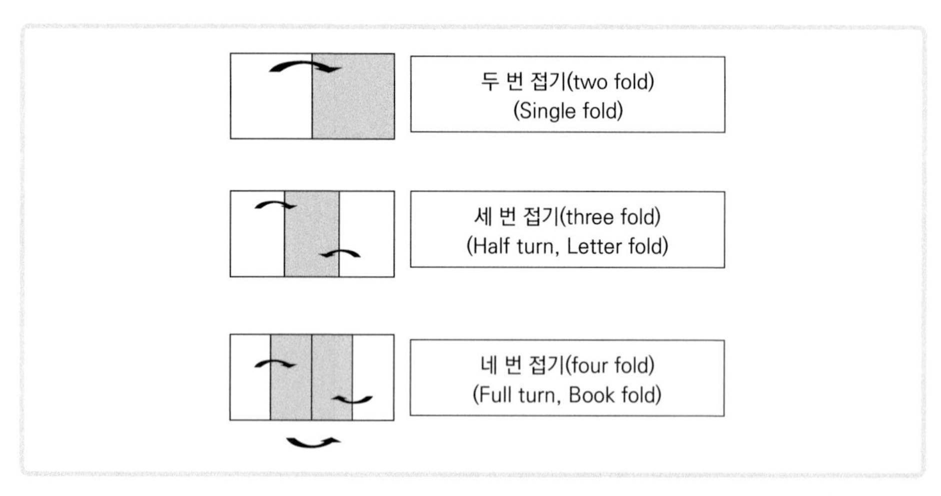

| 그림 2-41 | **페이스트리 반죽의 접기 과정**

접기 과정(folding)은 피복 유지에 의해서 여러 층의 반죽 층을 만드는 과정이며, 〈그림 2-41〉과 같이 접는 방법에 따라 사용하는 명칭이 다를 수 있으므로 주의해야 한다. 다시 말해서 한 가지 방법을 말할 때에도 여러 명칭들이 사용되고 있으며, 심지어는 이 책에서 말한 방법을 저 책에서는 다른 방법으로 말하기도 한다.

일반적으로는 반죽을 접는 분할 횟수에 따라 위에서부터 아래에 보이는 것처럼, 2등분을 했을 때 두 번 접기(two fold), 3등분이면, 세 번 접기(three fold), 그리고 4

등분이면 네 번 접기(four fold)라 한다. 또, 두 번 접기는 반죽은 2등분이지만 실제로 접는 것은 1번이면 되니 단순 접기(single fold)라고도 하고, 세 번 접기는 가운데를 중심으로 반을 접게 된다고 해서 절반 접기(half turn), 또는 편지를 접는 것 같다고 해서 letter turn이라고도 한다. 두 번 접기가 전체적으로는 반으로 접는 것이니까 half turn이라고 할 것 같지만 그렇지 않다는 것이다. 마지막으로 네 번 접기는 완전 접기(full turn), 또는 책 같다고 해서 책 접기(book fold)라고도 표현한다.

이렇게 복잡하게 사용하는 이유는 나라마다 사용하는 뜻들이 다르기 때문이고, 전문가들이나 전문 서적을 보면 6×3처럼 접는 횟수와 방법을 간단히 표기하기도 한다. 이 경우는 세 번 접기를 6번 하는 것이며, 이렇게 접고 밀어 펴고 하다보면 원하는 반죽과 유지의 층이 만들어지는 것이다. 경우에 따라서는 반죽의 접는 과정을 간단히 1×4, 2×3라고도 표기하여 1번의 네 번 접기와 2번의 세 번 접기가 필요하다고 나타내기도 한다.

페이스트리를 만들 때 사용하는 피복용 마가린의 양은 제품의 부피에 결정적인 영향을 미치며, 데니시 페이스트리의 경우에는 18–48겹의 층이 있어야 빵 같으면서도 바삭한 제품의 특성이 반영된다. 피복용 유지를 30% 사용한다면 최소한 18겹은 만들어져야 하며, 만일에 사용량이 50%라면 27겹, 그리고 110%라면 48층이 필요하다. 또한 피복용 유지를 90% 사용했을 때는 48겹에서 가장 부피가 크지만, 그보다 적은 70%라면 48겹이 아니라 36겹에서 가장 부피가 크게 나타나고, 50%라면 27겹이 가장 좋다. 그러나 실제로 업장에서는 이미 오래전부터 페이스트리 제품을 만들어 왔기 때문에 새롭게 몇 층을 만들 것인지 고민하거나 계산할 필요는 없다. 왜냐하면 워낙 비싼 재료들을 많이 사용하는 제품이다 보니, 한 번의 실수는 곧 막대한 손실을 가져오기 때문에 처음에 새로운 제품을 개발하는 경우가 아니라면 그저 각 집마다 사용하는 저마다의 방법을 따라가면 된다. 다시 말하면, 페이스트리 종류를 만들 때에 사용하는 피복용 유지의 양은 다양하게 할 수 있지만, 어떤 제품을 만들 때 그 제품에 맞는 특성을 살리려면 사용량에도 제한이 있고, 제품마다 만들어 내야 하는 반죽과 유지의 층수도 달라진다. 따라서 무턱대고 유지를 많이 넣는다고 페이스트리의 맛이 좋아지는 것은 아니다. 피복용 유지로 사용되는 종류는 마가린뿐만 아니라 버터나 쇼트닝 등 다양하게 있으며, 어떤 종류의 유지를 사용해서 만들지라도 제품을 만들 수는 있지만 사용하는 유지의 종류에 따라서는 부피나 색, 속질의 단단한 정도, 씹힘성 등과 같은 제품의 특성들이 다르게 나타나기도 한다.

2-30. 제빵 개량제

제빵 개량제를 넓은 의미로 보았을 때는 이스트를 사용하는 빵 제품에서 반죽의 상태를 조절하고 제품의 부피와 속질을 개선하는 것이고, 나타나는 특성으로 본 좁은 의미로는 반죽 강화와 속질을 부드럽게 하는 화학적 재료이다. 제빵 개량제는 반죽 조절제(dough conditioner), 반죽 개선제(dough improver), 빵 개량제(bread improver) 등 여러 명칭으로 불리고 있으나 여러 가지의 명칭이 존재하는 이유는 제빵 개량제의 유래에서 찾아볼 수 있다. 제빵 개량제가 발전되어 온 과정을 보면 〈그림 2-42〉와 같으며, 맨 처음에는 물의 경도를 조절하는 용도로 만들었지만, 마그네슘이나 칼슘 같은 광물질들을 첨가하여 이스트를 위한 영양분을 공급하는 이스트 조절제로 발전되었다. 또한 산화가 반죽 형성에 좋다는 것이 알려지고 나서부터는 필요한 산화제 성분들도 첨가하여 반죽 조절제로 발전하게 되었고, 이스트의 발효에 좋은 최적 상태를 만들기 위해서 pH까지도 조절하는 개량제가 되었다.

제빵 개량제로 사용되는 재료들은 5가지의 재료들이 있으며, 광물질 같은 이스트에 영양분을 주는 이스트푸드(yeast food), 반죽의 물성을 변화시키는 산화제와 환원제, 제품이나 반죽을 부드럽게 하기 위한 유화제(emulsifier), 발효와 연관되는 알파 아밀라아제 같은 효소 등이 있다. 제빵에서는 보통 산화제가 많이 들어간 개량제를 사용하지만, 피자같이 반죽이 잘 늘어나야 하는 제품들에는 환원제가 많이 들어간 개량제를 사용하기도 하기 때문에 용도에 맞는 개량제를 올바로 사용해야 한다.

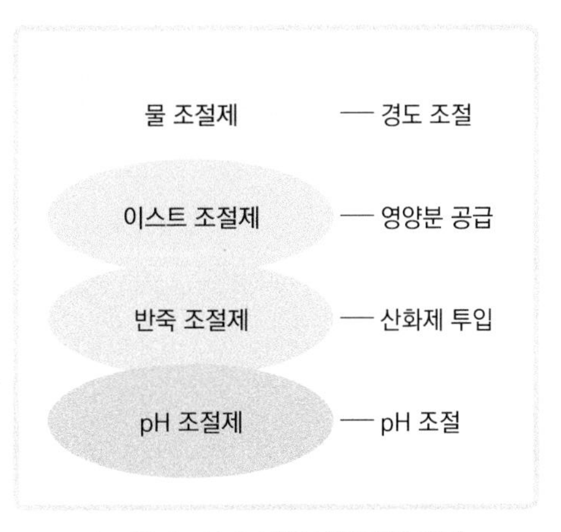

그림 2-42 제빵 개량제의 발전

제빵 개량제가 반죽을 강화시키는 기능과 속질을 부드럽게 연화시키는 기능이 있지만 반죽을 강화시키기만 한다면 만든 제품의 속질도 단단해질 것이다. 따라서 실제로 제빵 개량제를 만들 때에는 반죽을 강화시킬 수 있는 재료와 속질을 연화시킬 수 있는 재료를 혼합해서 만들며, 들어가는 재료들의 비율을 조금씩 다르게 하여 매번 새로운 제품이라 소개하는 것이다. 가령, 개량제 A가 SSL과 hard monoglyceride로 되어 있다면, hard monoglyceride를 조금 늘려서 개량제 A+라고 이름을 바꾸고, A+를 쓰면 제품이 더 부드럽게 나온다고 하는 것이다.

프랜차이즈와 같은 큰 공장에서는 원가 절감의 차원에서 보통 회사가 원하는 특성의 목적에 맞게 직접 만들어 사용하지만, 보통 빵집에서는 화학 재료를 다루기가 어렵기 때문에 시중에서 파는 제빵 개량제를 구입해서 사용하면 되며, 그럴 경우라도 개량제의 성분들을 파악할 필요는 있다. 흔히 사용되고 있는 화학 재료들에 따른 기능을 보면 〈표 2-3〉과 같고, SSL 재료는 반죽 강화와 속질을 연화하는 데에 가장 좋은 성분의 재료로 알려져 있으며, 지질의 일종인 모노 글리세리드 종류들에는 반죽을 강화시키는 기능이 없다.

표 2-3 **제빵 개량제의 종류**

종류	반죽 강화	속질 연화	상태
SSL	+++	++	Powder
CSL	+++	+	Powder
Data esters	+++	보통	Powder
EOM	++	-	Liquid
SMG	+	+	Waxy
Hard monoglyceride	No	+++	Powder
Soft monoglyceride	No	++	Waxy

+ : 좋음, - : 나쁨, No : 효과 없음

〈그림 2-43〉에서 프랑스의 유명한 재료 회사(Lesaffre)에서 현재 시판하고 있는 개량제의 종류가 얼마나 많은지를 알 수 있으며, 옛날에 사용하던 포장의 색을 괄호에 표시하였다. 제품의 이름을 보면 volume 하면 부피가 좋으며, softness 하면 제품이 부드럽게 된다는 것을 알 수 있다. 이 회사가 개량제를 만들 때 추구하는 목적

은 반죽의 내구성을 좋게 하는 물성학적인 특성과, 가스 보유력 같은 발효 특성을 좋게 하기 위한 것이다. Volume 3.1로 시작해서 이제는 volume 6.1까지도 판매하고 있고, 냉동 반죽을 위한 개량제도 따로 있으며, 심지어는 냉동된 제품을 굽기만 하는 추세에 맞춰 freezer to oven 종류도 있다. 결론적으로, 국내에서 사용되고 있는 개량제의 종류도 20가지 이상이 되니, 사용 전에 반드시 어떤 기능이 있는가를 잘 살펴야 한다.

Volume 3.1 (green)
Volume 4.1 (silver) 25 Saf-Pro
Volume 5.1, Volume 6.1
Organic Volume 3.2
Frozen 3.0 (blue)
Frozen 3.1
Frozen to Oven 3.0 (red)
Frozen to Oven 3.1
STAR-ZYME AST 100, 200, 250, 300. 350
XtendLife 15, 20, 40
Softeness 3.1+V, 4.1+V
Strength 5.0
Par Bake 3.1
Anti-Blister 3.0

| 그림 2-43 | **Lesaffre 제빵 개량제**

2-31. 이스트

빵 제품이 팽창하는 원리는 반죽 시에 들어가는 공기나 물의 수증기화 등의 요인들이 있지만 근본적으로는 이스트의 작용으로 발생되는 탄산가스를 이용하는 것이다. 이스트는 효모라고도 하고 자연에 존재하며 길이가 5–7μm 정도인 아주 작은 세포들로 구성되어 있는 살아있는 유기물로서 그 종류만 해도 약 600가지가 된다.

제빵용으로 사용하는 이스트는 한 종류로서 saccharomyces cerevisiae이며, 우리가 사용하는 이스트 1g에는 약 2억 5천만 개의 세포가 있다. 〈그림 2–44〉에서 보는 바와 같이 이스트는 무성 생식이며, 발아되고, 포자 형성에 의해서 자라난다. 즉, 어미 세포 하나가 자라면서 딸 세포가 생성되고, 이것이 점점 자라서 다시 하나의 독립된 어미 세포가 되어 기하급수적으로 늘어나는 시스템이다. 그러나 자꾸 번식하다 보면 그 기능이 저하되므로, 이스트 생산 업자들은 2–3년에 한 번씩 새로운 균주를 사다 배양 탱크에 넣는다. 옛날에는 국내에서도 이스트를 많이 만들었으나 요즈음 사용하는 이스트는 거의 대부분 중국에서 만들어 수입하거나, 특수한 이스트들을 외국에서 수입해 사용하고 있는 실정이다.

이스트의 종류는 만드는 방법이나 사용 용도에 따라 여러 가지가 있지만 기본적으로는 배양된 이스트 용액을 농축하고 압착해서 수분 70% 정도가 들어 있는 이스

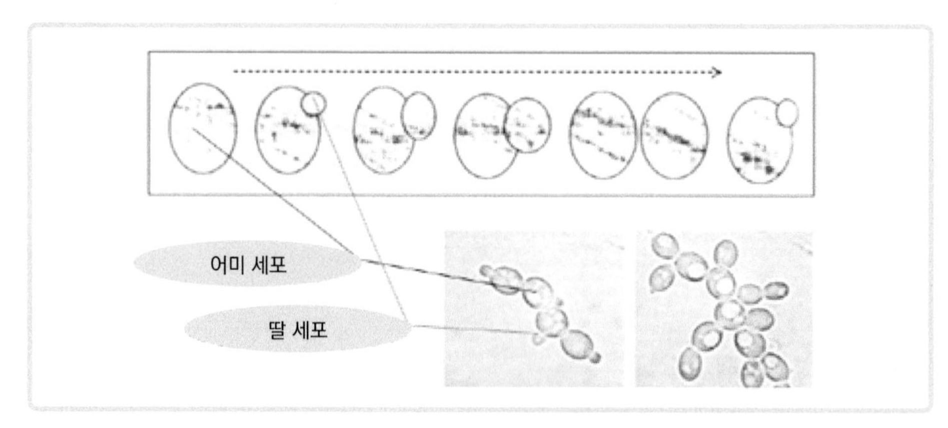

| 그림 2–44 | **이스트의 생성**

트를 만들게 되며, 압착 효모(compressed yeast), 살아있는 신선한 이스트라 하여 생이스트(fresh yeast), 또는 상품화된 모양이 사각형으로 되어 있어서 케이크 이스트(cake yeast)라고도 부른다. 그리고 대부분의 경우에는 입자로 만들어 사용하나 압착시키지 않은 크림 상태의 이스트(cream yeast)도 있다. 일반 빵집에서 크림 이스트를 쓰는 경우는 거의 없지만, 자동화된 대형 공장에서는 취급이 쉬우므로 많이 사용하고 있다. 이 외의 종류로는 수분이 많아 수명이 짧으므로 약처럼 코팅하거나(dried pellet yeast), 연질 캡슐(encapsulated yeast)에 넣기도 하며, 그대로 쉽게 사용하는 인스턴트 이스트도 있다. 특수하게 사용되는 것으로는 이스트의 성분 중 50–60%인 단백질을 이용하기 위해서 불활성화시킨 이스트(deactivated yeast)로 제빵보다는 주로 의약품에 사용되고 있다.

생이스트에는 수분이 70%나 들어 있으므로 보관이 쉽지 않기 때문에 사용 편의를 위해서 점차 개발되어 왔으며, 처음에는 생이스트를 쓰다가 수분을 4–8%로 대폭 줄여서 사용하는 활성 건조 효모(active dry yeast)가 개발되었고, 이 종류는 이스트를 건조시켜서 만드는 것이기 때문에 불활성화되어 있는 건조 이스트를 다시 활성시켜야 하는 불편이 따르게 된다. 그래서 직접 바로 쓸 수 있는 인스턴트 이스트가 개발되었다. 인스턴트 이스트는 만드는 과정에서 특정한 물질을 더 첨가하기도 하여 종류가 상당히 많다. 이렇게 만들어진 종류들은 서로 대체하여 사용할 수 있으며, 생이스트를 기준으로 해서 활성 건조 효모는 반 정도 사용하면 되고, 인스턴트 이스트는 1/3 정도를 사용하게 된다. 이런 차이는 생이스트의 수분 함량을 뺀 고형분만의 기능을 생각해 보면 알 수 있다. 가령, 생이스트의 고형분이 30%(수분 함량 70%)인데, 활성 건조 효모는 약 90% 정도이지만 건조 과정에서 죽는 세포도 있기 때문에 1/2을 넣는 것이다. 물론, 이론적으로나 옛날에는 이런 %로 대체해서 썼지만, 지금은 각 회사마다 충분한 실험을 거쳐서 어느 정도를 써야 하는가를 제시하니까, 가장 좋은 방법은 각 회사의 지침을 따라 사용하면 된다. 한 가지, 이제는 일반 빵집에서는 불편함이 따르는 활성 건조 효모는 거의 사용하지 않고 있으며, 주로 생이스트나 인스턴트 이스트를 사용하고 있다. 또한 생이스트를 물에 미리 풀어서 활성시켜 사용하는 경우도 있으나 1960년대를 지나면서부터는 이스트의 생산 품질이 좋아졌기 때문에 그럴 필요는 없으며, 반죽과 오랜 발효 시간에 이스트의 충분한 활성을 얻을 수 있다.

제빵에서는 대개 설탕이 적은 식빵이나 바게트 같은 저배합 반죽(lean dough), 설탕이 많은 단과자빵 같은 고배합 반죽(sweet dough), 그리고 냉동 도우를 겨냥한 이스트를 사용하고 있다. 저배합 반죽용으로 맥아당을 첨가하여 발효 능력을 키우거나, 고배합 반죽용으로 삼투압에 강한 인자를 주입하기도 하며, 냉동 반죽에서는 냉동에 견디는 인자를 첨가하는 등 특수한 경우의 반죽에 알맞은 이스트를 사용한다. 따라서 어떤 이스트를 썼느냐에 따라서 제품이 좋아질 수도, 또 나빠질 수도 있다는 것을 생각해야 한다. 그렇다고 이 제품을 만들 때에는 꼭 이 이스트를 사용해야 되는 것은 아니고, 생이스트를 이용해서 못 만들 제품은 없다.

2-32.
제빵과 제과의 비교

빵과 케이크는 모양이나 맛과 향뿐만 아니라 씹는 조직감에서도 차이가 나타난다. 글루텐 형성으로 인한 빵의 쫄깃한 식감이 케이크에서는 없으며, 케이크라 할지라도 계란이 많이 들어가는 스펀지 케이크와 다량의 유지가 있는 파운드 케이크는 입안에서 느끼는 조직감이 서로 다르다. 그러나 실제로 행해지는 과정을 보면 〈그림 2-45〉와 같이 단지 재료를 혼합해서 굽는 것으로 크게 다르지는 않다. 그래서 빵과 마찬가지로 누구나 케이크를 만들 수 있으며, 단지 기공(air cells)의 조작 차이, 사용하는 물의 기능과 함량, 그리고 만드는 사람의 기술에 따라 더 맛있는 제품을 만들 수 있는 것이다.

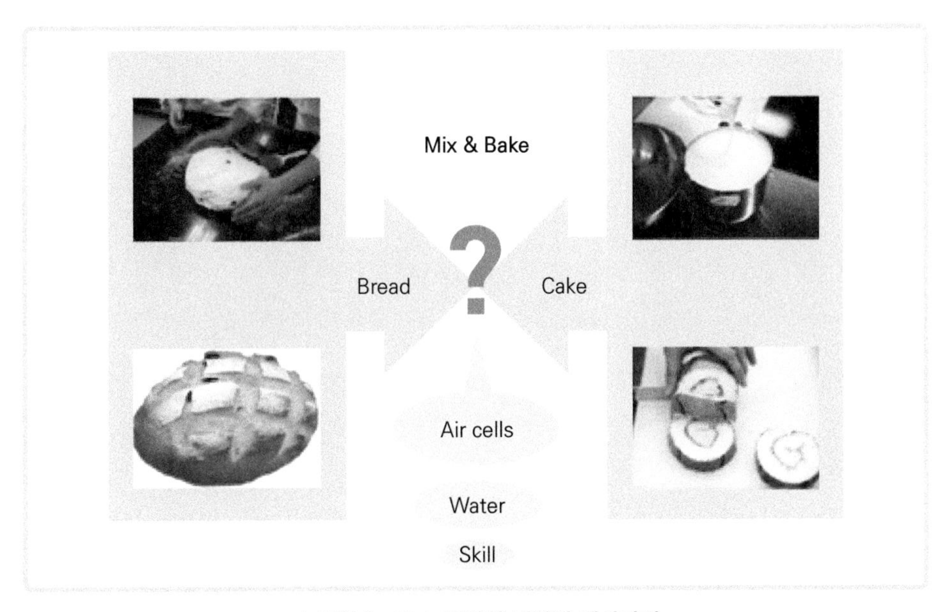

그림 2-45 제빵과 제과의 생산과정

필수 재료인 밀가루를 보면 제과제빵에서의 역할이 많이 있지만 근본적으로는 〈그림 2-46〉에서 보듯이 제빵이나 제과에서의 밀가루 기능은 크게 다르지는 않다.

제빵이나 제과 모두, 밀가루에 물을 첨가해서 에너지가 들어가면, 제빵에서는 밀가루에 있는 단백질이 반죽기의 운동 에너지에 의해서 중요한 글루텐이 생겨나며, 제과에서는 밀가루의 전분이 오븐의 열 에너지에 의해서 중요한 전분의 호화가 일어나는 것이다. 또한 설탕의 경우에도 제과제빵 모두 제품들에서 단맛을 나타나게 해주며 제품의 수분 보유력이 뛰어난 역할을 하지만, 발효의 공급원 기능을 하는 제빵과는 달리 제과에서는 거품의 안정성을 가져오는 중요한 기능을 담당하기도 한다. 따라서 제빵에서는 설탕의 함량에 따라 깊이 생각해야 하는 설탕의 삼투압을 제과에서는 무시해도 좋다.

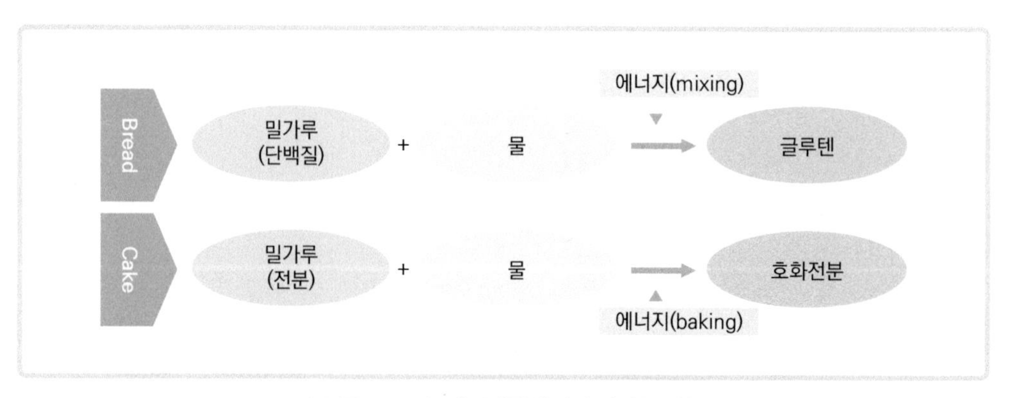

그림 2-46 | **제과제빵에서의 밀가루 기능**

제빵이나 제과는 완전히 다른 품목을 만드는 것이지만 따지고 보면 제과제빵에서의 기본 이론은 크게 다르지 않다. 반죽을 하고 구워서 제품을 만드는 것이다. 〈그림 2-47〉에서 보면, 같은 반죽을 나타내지만 제빵에서는 도우(dough)라 하는 반면에 제과에서는 배터(batter)라고 하고, 구워진 제품이 bread와 cake라 불리는 정도이다. 이 두 가지 단어의 차이는 반죽을 만들었을 때 반죽의 흐름성이 어떠냐 하는 것으로 핫케이크 반죽같이 반죽을 놓았을 때 흐름성이 좋아 그 형태를 유지할 수 없으면 배터라 하고, 수제비나 칼국수와 같이 반죽이 그대로 형태를 유지한다면 그 반죽은 도우라 한다. 따라서 외국의 서적 등에서 제품의 설명을 볼 때 batter라 써 있다면 케이크 반죽, dough라 되어 있으면 빵을 말하는 것이다. 케이크 만들 때 이스트를 사용하지 않으므로 발효이론이 필요 없지만, 아무리 단백질 함량이 낮

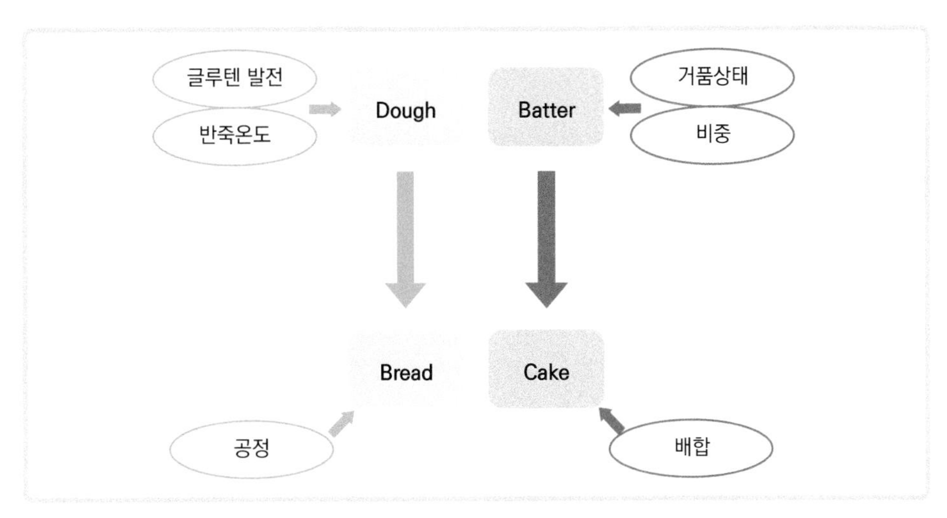

그림 2-47 | 제과제빵의 비교

은 박력 밀가루로 케이크 반죽을 해도 글루텐이 생기는 것은 마찬가지이고, 또 구울 때 일어나는 전분의 호화나 단백질의 응고와 같은 변화는 빵이나 케이크에서 똑같은 원리로 일어나는 것이다. 그러나 반죽을 만들 때 어떤 부분이 더 중요한 사항이고, 혹은 최종적으로 좋은 빵이나 케이크를 만들려면 어떤 부분이 가장 중요한 것인가를 생각해 볼 필요는 있다.

먼저, 빵 반죽에서는 좋은 반죽이 되려면 글루텐의 발전이 가장 중요하며, 항상 일정한 제품을 만들기 위해서는 반죽온도를 우선 생각해야 한다. 케이크 반죽에서는 글루텐 발전보다는 거품의 상태가 가장 중요하며, 일정한 제품을 만들려면 무엇보다도 각 제품의 반죽들이 가지고 있어야 할 비중을 맞춰야 한다. 작은 거품들은 장력에 의해서 합쳐져 큰 거품도 되고, 제빵과는 달리 반죽기가 매우 빨리 돌아가므로 다시 작은 거품으로도 쪼개진다. 그래서 케이크 반죽에서는 재료의 혼합뿐만 아니라 공기 핵을 만들고 또 큰 기포들을 잘게 부수어 필요한 비중을 얻게 되며, 대부분의 제과 반죽에서는 밀가루를 가장 나중에 넣게 되므로 한번 제품이 필요한 비중을 감각적으로 알게 된다면, 밀가루와 혼합하면서 필요한 반죽의 상태를 알맞게 조정해서 만들게 된다. 가령, 비중이 낮아서 너무 반죽이 가벼우면, 밀가루를 섞으면서 거품을 죽여 비중을 높여주고, 또 비중이 적당하다면 밀가루를 빨리 섞을 수 있는 숙련이 필요하다.

마지막으로 전체적으로 보았을 때에 제빵에서 가장 중요한 것은 반죽에서부터 시작하여 1차 발효를 거치고 여러 단계의 정형 과정을 거쳐서 굽게 되는 일련의 공정들이 각 단계마다 달성해야 하는 목적에 따라 철저한 공정을 유지하는 것이다. 그러나 제빵과 비교해서 대부분의 제과에서는 거품의 관리를 목적으로 하여 비교적 공정이 단순하기 때문에 무엇보다도 각 제품에 들어가는 재료의 배합이 가장 중요한 부분이 된다. 따라서 제과에서는 제품의 맛과 향을 얻기 위해서는 재료의 선택과 사용하고자 하는 재료의 양이 중요한 변수가 되며, 부드러운 조직감을 위해서 적절한 거품 상태가 유지되어야 한다. 이러한 이유로 인해서 제빵에서는 하나의 반죽으로 핫도그 빵이나 햄버거 빵, 심지어는 모닝 빵까지도 만들 수 있다.

2-33. 빵의 결함과 분석

빵이 잘못되는 경우 그 원인을 안다면 다음 번 제빵과정에서 해결하여 좋은 제품을 만들 수 있다. 그러나 모든 제빵과정뿐만 아니라 사용하는 재료에 따라서도 제품이 다르게 나타날 수 있으며, 이러한 모든 사항들이 밀접하게 관련되어 있는 제빵은 실로 어려운 작업이라 볼 수 있다. 더욱이 식빵의 작은 부피가 만들어지는 원인이 40가지 이상이나 나열된다면 정확히 무슨 원인이 해당되는지를 쉽게 알 수 없기 때문에 빵의 결함이 일어나는 주된 원인을 살펴 볼 필요가 있다. 실제로 오래전 대기업의 연구소에서 보리 식빵이 주저앉는 결함에 대한 자문을 구해온 사례를 간단히 소개해 본다. 재료나 기계도 바꾼 적이 없다고는 하지만 재료의 보관 상태나 기계의 작동 여건은 생각하지 못하고 있었으며, 냉각이나 포장 상태가 결함의 원인이 될 수도 있다는 점을 무시하고 있었다. 결함의 원인을 찾기 위해서는 배합이나 제빵 환경

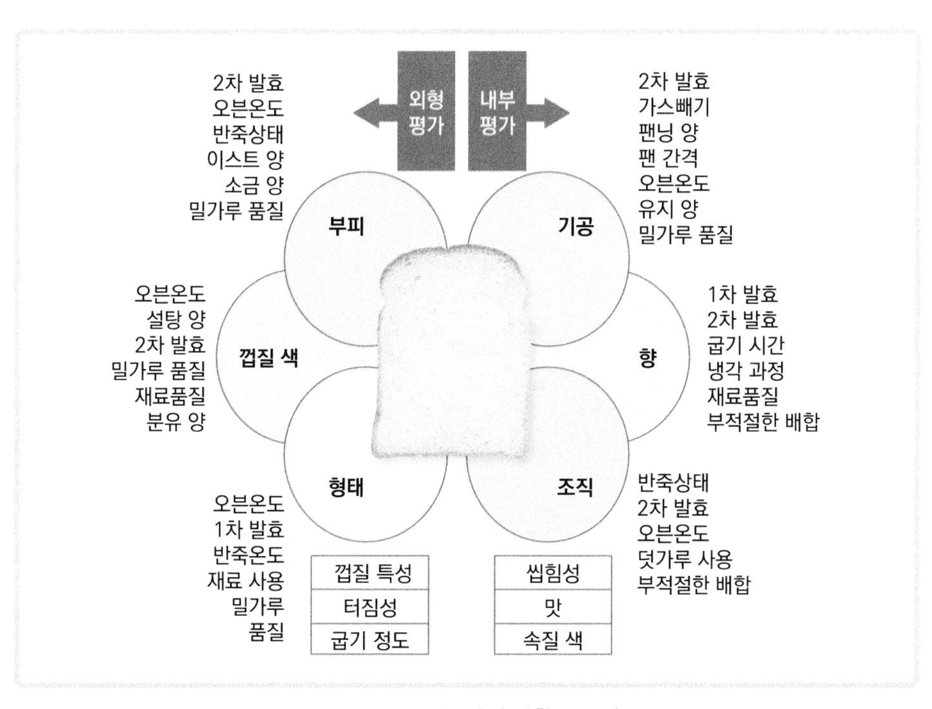

그림 2-48 빵의 결함과 분석

도 검토해야 하지만, 기업의 대외비라 하여 알려주지 않으니 당연히 자문은 할 수 없었다. 경험에 의하면 그 당시의 밀가루 품질은 때에 따라서 일정하지 않았기 때문에 그로 인해서 발생되었던 일시적인 현상이라 추측할 따름이다.

식빵의 결함은 〈그림 2-48〉과 같이 현재 사용하는 평가 방식에 따라 외형적 평가와 내부 평가로 나누어 보았으며, 흔히 발생될 수 있는 사항들을 간단히 정리하였다. 따라서 이 외의 원인들도 많이 존재할 수 있다는 점을 미리 밝혀둔다.

외형 평가에서 가장 중요한 사항으로는 오븐의 환경을 들 수 있으며, 이는 오븐의 열에 의해 직접적인 영향을 받아 최종적으로 제품이 완성되기 때문이다. 물론 반죽이나 발효 상태에 따라서도 문제가 발생될 수는 있지만, 화학적 반응을 추구하는 1차 발효와 굽기 전에 어느 정도의 크기를 확보하는 2차 발효의 중요성은 상당히 다르며, 부피와 관련해서는 2차 발효 상태를 먼저 살펴보아야 한다. 그다음으로는 오븐의 온도를 생각해서 부피가 작다면 조금 낮은 온도를 책정하고, 너무 부피가 크다면 오븐의 온도를 높여서 오븐에서 팽창되는 시간을 줄여준다. 반죽의 상태에 따라 팽창되는 정도가 달라서 글루텐이 적절하게 발전된 최적의 반죽 상태가 가장 좋다. 된 반죽의 경우에는 대부분 제품의 부피가 작게 나오지만 1차 발효의 기간을 연장함으로써 이를 극복할 수도 있다. 그림에서 언급된 특정의 재료들 또한 부피에 영향을 주게 되지만, 새로 만들어지는 제품의 배합이 아닌 이상 대부분의 경우에는 재료 계량의 실수로 인하는 것이다. 따라서 배합을 새로 고치기 전에 반드시 기존의 배합을 정확히 계량하는 것에서부터 시작해야 한다. 껍질 색은 반죽에 있는 탄수화물과 오븐의 높은 열에 의해서 나타나는 것이기 때문에 오븐의 온도를 점검하는 일이 필수적이며, 동시에 탄수화물인 설탕의 양도 살펴야 한다. 과도한 2차 발효는 팬에 있는 반죽의 높이를 상승시켜 오븐 열과 가까워지게 하므로 진한 색이 될 수 있으며, 밀가루 품질에 따른 사항도 반죽이 팽창하는 높이와 관련된다. 또한 재료 자체의 색이 나타날 수도 있고, 분유에 들어있는 당 성분도 껍질 색에 영향을 미치게 된다. 외형 평가에서 형태는 주로 일정하지 않은 성형 잘못으로 일어나게 되지만 흐름성이 있는 반죽이 오븐에서 팽창되는 과정에서 아주 심한 경우가 아니라면 발생되지 않는다. 기타로 껍질 특성, 터짐성, 그리고 굽기 정도는 오븐의 온도와 팬

간격을 유지한다면 대부분 좋은 상태가 되고, 온도가 낮으면 오래 굽게 되어 두꺼운 껍질이 형성되며, 터짐성은 반죽이 오븐에서 팽창되면서 팬의 접촉면으로부터 생기기 때문에 과도한 2차 발효는 한 면의 터짐성이 극대화되는 현상이 발생한다. 마치 화산이 한쪽에서 폭발하는 것과 같이 한 면이 심하게 터진다면 팽창의 동기가 되는 가스나 수증기들이 그곳으로 빠져나가 다른 면에서는 터짐성이 없게 된다.

내부 평가에서 중요한 사항은 반죽의 질을 결정할 수 있는 1차 발효이며, 이를 통해서 향뿐만 아니라 기공의 특성이 결정되어 조직감에도 영향을 준다. 즉, 일정한 기공의 분포도 중요하지만 발효 동안에 형성되는 기공의 두께도 중요한 역할을 하며, 속질의 거친 특성은 주로 일정하지 않은 기공의 크기와 두꺼운 기공 벽에 따라 결정된다. 그럼에도 불구하고 큰 기공의 가장 흔한 원인으로는 2차 발효를 들 수 있으며, 이는 굽기 전의 기공 크기 자체가 크기 때문이다. 가끔 아주 큰 기공이 존재하는 경우가 있으나 불충분한 가스빼기에서 비롯되는 경우보다는 성형 실수로 인해서 생기는 결함이므로 가스빼기 과정에서 반죽 가장자리 부분의 기포를 충분히 제거하면 된다. 팬닝 양에 따라서 기공이 달라지는 경우는 과학적으로는 드물지만 실제로는 팬닝 양이 많을 경우 제품의 크기를 맞추기 위해서 높은 온도에서 빨리 굽게 되므로 기공이 작고 불규칙적일 수 있다. 팬 간격은 일정한 오븐의 온도를 얻어 기공들이 균일한 팽창을 하기 위해서이며, 반죽이 잘 늘어날 수 있는 유지의 양이나 단백질 함량이 적은 밀가루도 기공의 특성에 영향을 미친다. 향을 얻기 위해서는 1차 발효가 중요하지만 1차나 2차 발효 시간이 길기 때문에 두 과정이 다 중요하다. 또한 발효 과정에서 생기는 휘발성 향들은 대부분 굽기 과정에서 없어지게 되고, 오븐에서 새로운 향들이 많이 탄생되며, 냉각 과정에서 향이 없어지기도 한다. 마지막으로는 재료 본연의 향을 들 수 있으며, 재료 간의 부적절한 배합도 문제가 될 수 있다. 속질 조직에 관여하는 사항으로는 반죽과 발효를 들 수 있으며, 좋은 제품은 부족하거나 과도하지 않은 적절한 상태에서 얻어진다. 1차 발효가 길 경우 조직이 부드러워지겠지만 1차 발효 후의 다른 과정들이 오래 걸리기 때문에 실제로는 굽기 전에 제품의 크기를 결정질 수 있는 2차 발효가 중요하다고 할 수 있다. 또한 성형 과정에서의 많은 덧가루 사용은 조직에 영향을 주게 되어 최소화해야 하며, 이 경우 대부분은 절단면에 원형의 흰 무늬로 나타난다. 반죽 크기가 작은 단과자빵의 경우 분할 후에 둥글리기를 생략하고 밀가루 대신에 기름을 사용하는 경우가 있지만, 크기가 큰 식빵의 경우는 팽창에 도움을 줄 수 있는 이유가 있더라도 권장하지 않는다. 씹힘성은 속질 조직과도 관련이 있지만 주로 수분의 함량이 결정적으로 역할을 하게 되므로 굽는 환경을 살펴볼 필요가 있다. 맛과 내부의 색은 재료나 배합에 따라 얻어지며, 특히 속질의 색은 갈변반응에 의해서 일어나지만 제품마다 차이가 있으므로 제품의 결함이라 볼 사항은 아닌 것이다.

결론적으로 제품의 결함과 분석은 기존에 생산되고 있는 제품의 일정한 품질을 유지하기 위한 수단으로 누구나 필요하지는 않을지라도 알고 있으면 도움이 된다. 예를 들어, 천연발효 바게트의 내부 기공이 식빵의 성형 실수로부터 오는 것과 같이 큰 것은 대부분 오랜 발효에서 생기는 불규칙한 기공과 느슨한 가스빼기에서 비롯되므로 소비자의 기호에 따라 조정할 필요가 있다. 가장자리가 가는 형태의 천연발효 바게트를 끝까지 먹는 사람이 얼마나 있을지를 생각해 봐야 한다. 천연발효란 제품의 모양이 아닌 반죽 과정의 상태를 의미하는 것이다.

2-34.
베이커리 성공의 길

왜 제과제빵을 배우나요? 제과제빵에 관심이 있다거나 돈을 벌기 위한 직업 정신, 또는 학생이라면 학점 때문에 배우리라 생각한다. 다행히도 옛날과는 달리 관심이나 학점을 위해서 욕구를 채울 수 있는 방법은 상당히 많아졌으며, 인터넷의 풍부한 자료를 통해서 돈이 적게 들면서도 얼마든지 알고자 하는 것을 이룰 수 있다. 그러나 제과제빵을 직업으로 해서 돈을 번다는 것은 남들과의 경쟁에서도 이겨야 하고, 또 소비자들이 자주 찾아줘야 하는 것이다. 그러기 위해서 생각해야 할 관점은 가치(value)와 차별화(differentiation)이다. 여기서 말하는 가치란 돈을 지불한 만큼의 가치가 있느냐를 말하지만 실제로는 서비스와 같은 무형의 것들도 포함될 수 있다. 특히, 좋고 나쁨은 소비자의 선택과 판단에 달려 있음에도 불구하고 제빵사 스스로가 결론을 낼 수는 없는 것이다. 또, 남들이 만드는 것만을 만들어서는 성공할 수 없으며, 꼭 이 집에 가야만 살 수 있는 남들하고의 차별성이 있는 제품이 있거나 빵집이어야 한다.

국내의 베이커리 시장을 조사한 바에 의하면, 프랜차이즈 업체로 인해서 개인 베이커리들이 어려운 지역도 있는 반면에 프랜차이즈 베이커리들이 입점하기 꺼려하는 지역도 있다. 처음에 반죽을 잘해야 마지막 제품이 잘 나올 수 있듯이, 처음 빵집을 시작할 때 마음가짐이 내가 빵집을 그만둘 때까지 변하지 않아야 한다. 재료값이 올랐다고 싼 재료를 찾지 말고, 남들이 한다고 나도 따라해야 하나 하는 생각을 버려야 하며, 오로지 질 좋은 제품 생산에 몰두하다보면 이익은 저절로 창출되는 것이다. 물론 터무니없이 비싼 재료를 사용하거나 과도한 경비 지출을 하라는 것은 아니며, 타 사업에 비해서 베이커리의 이익 구조가 비교적 좋기 때문에 가능한 일인 것이다.

기원전 2500년 이집트 시대부터 비로소 대량 생산의 길에 접어든 제빵이지만 상업용 이스트의 생산이 1780년임에도 불구하고 빵이나 반죽의 팽창이 이스트 발효 때문에 비롯된다고 알려진 것은 1857년의 일이다. 가장 최근의 발굴에 의하면 지금으로부터 약 14500년 전 선사시대 때의 빵 조각이 발견되었지만 제빵이 매우 과학적인 바탕에 의해서 이루어지게 된 것은 200년도 되지 않는다. 이런 짧은 역사에도 불구하고 많은 연구들이 진행되어 지금 알려진 기초적인 제빵이론들은 1970년대에 이미 완성되었으며, 발효에 관여하는 아밀라아제 효소가 종류에 따라 활성도가 다르고 이러한 효소들이 활성을 지속하게 되는 온도와 시간 등에 관한 연구도 20년 전인 1990년대 중반에 발표되었다. 따라서 오래된 내용이라도 기본적인 것은 기초가 되는 것이다. 1차 발효 동안에 이스트가 작용하여 화학적인 반응에 의해서 탄산가스가 생성되어 물리적으로 반죽이 팽창되는 기본을 알아야 하며, 탄산가스가 반죽에 있는 수분에 먼저 포화되고 나서야 반죽 기공 내로 들어가서 반죽을 팽창시킬 수 있다는 사실을 더 배워야 한다. 결국, 제빵은 한 가지 배운 것으로만 가지고는 성공하기 어려우며 끊임없는 탐구의 노력이 필요한 것이다. 또한, 국내의 뜻있는 제과협회의 원로들에 의해서 1972년에 설립된 한국제과고등기술학교(현재는 한국제과학교)의 짧은 역사에 비해 미국의 저명한 제빵 교육기관인 AIB(American Institute of Baking)는 1919년에 설립되었으며, 필자가 유학 당시인 1984년만 해도 약 50명 이상의 박사급 연구진들이 있었다. 현재 세계적으로 발표되는 논문들 약 90% 가까이는 영어로 되어 있으므로 보다 새로운 지식을 얻기 위해서는 영어를 알 필요가 있으며, 다행스럽게도 요즈음에는 좋은 번역 프로그램도 쉽게 사용할 수 있기 때문에 도전해볼 필요는 있다고 본다. 지금까지 내가 발표한 70여 편의 논문 중 상당수가 이러한 과정을 거치기도 했다.

마지막으로, 안정성이 검증된 버려지는 재료들의 재활용이 대두되고 있으며, 이런 작업들은 새로운 내용에 대한 개인의 노력과 창의성에 의해서 이루어진다. 일반적으로 빵 제품에는 많은 비싼 재료들이 들어가며 하루가 지났다고 해서 폐기 처분해서는 이익을 유지하기가 어려울 수도 있다. 밀가루를 먼저 익혀서 사용하는 탕종법과 하루가 지난 식빵을 가루로 내어 사용하는 것의 차이가 있을 수는 있겠지만 밀가루를 사용했다는 점에서는 차이가 없으며, 버려지는 빵에 있는 밀가루 성분을 재활용한다면 그만큼 원가 절감을 이룰 수 있다(최대 20% 미만). 또한 번창하는 커피 산업의 생 원두 로스팅 과정에서 나오는 부산물인 실버 스킨(silver skin)은 60% 이상의 상당한 식이섬유를 함유하고 있지만 그대로 버려지고 있으나 이를 활용해서 식빵을 만든 경우(최대 3% 미만)도 있으며, 과잉 생산으로 인한 감귤의 과피만을 가루로 만들어 사용(최대 3% 미만)하기도 하였다. 천연의 재료가 좋다고 알려진 요즈음엔 사워 반죽(sour dough)을 이용한 제품들도 많이 있으나 대부분은 천연발효 공법을 이용하는 것이다. 그러나 버려지는 식빵을 가루로 만들어 사워 반죽 제조 시에 넣어 만들면(25%) 기공이나 모양뿐만 아니라 맛도 좋아질 수 있으며, 심지어는 화학재료인 베이킹파우더를 대신하여 케이크 제조 시에 사워 반죽을 이용하여 홍보 효과를 얻을 수도 있다.

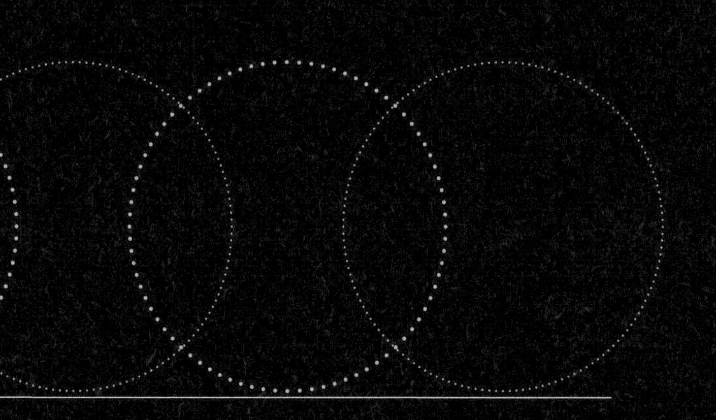

대부분의 식품들은 무생물인 재료를 이용하여 만들지만 빵은 살아 있는 유기체인 이스트를 재료로 한다. 인간이 살아가는 생과 마찬가지로 그들 나름대로의 삶이 있다. 자라온 환경에 따라서 인간이 성숙하듯이 제조 환경에 따라서 빵은 다르게 변하며, 적절한 때를 기다리기 위한 발효 시간이나 휴식을 위한 중간 발효도 필요한 것이다. 또한 수명이 다한 제품을 재활용하여 새로운 상품이 탄생되기도 한다.
빵과 케이크를 만드는 것은 mix and bake로 단순하기 때문에 누구나 쉽게 시도할 수 있다. 그러나 좋은 제품을 만들기 위해서는 여러 화학 반응과 이에 따른 물리적 변화를 이해해야만 한다. 따라서 좋은 제품을 만들 수 있는 사람은 적다. 하물며 매일 똑같은 제품을 만들기란 지극히 어려운 일이다. 세상에 있는 많은 인간들이 다 똑같지는 않은 것처럼 말이다.

3장

결론

빵생 이야기

3-1.
마무리 미학

사람이 태어나서 생을 마감할 때에는 마무리를 잘해야 한다고들 한다. 그래서 재산에 대한 교통정리를 미리 하여 자식들 간의 분쟁을 막기도 하고, 보관된 사진들을 정리하여 흔적을 남기지 않도록 하기도 하며, 지나온 삶을 회상해 보며 그동안의 잘못에 대해 용서를 구하거나 용서를 베풀기도 한다. 결국에는 잊혀질 세상이라는 것을 알듯이 말이다. 그럼, 제빵과정의 마무리는 어디까지일까? 우리가 아는 한은 빵을 만들어 포장을 하는 과정이 마지막일 것이다. 그러나 실제로는 우리가 어찌할 수 없는 노화과정이 있다. 비록 포장된 빵이 선반에 진열된다 할지라도 사람들은 시간이 경과된 후에 빵을 먹게 되며, 빵생의 최후는 고객이 표현하는 맛이 되지 않을까 생각해 본다.

빵의 노화는 전분이 포함된 곡류에서는 자연적으로 일어나는 화학적 반응에 따른 질감의 물리적 상태변화이다. 과학적으로 말하면 빵에 사용하는 밀가루의 주성분인 전분의 양대 성분인 아밀로오스와 아밀로펙틴이 시간이 지남에 따라 결정화되어 빵의 속질감은 단단하게 변하는 것이다. 일반적으로 화학 반응은 가역적으로 일어날 수 있다. 대략 60℃의 낮은 온도로 가열하면 결정화되었던 아밀로펙틴은 다시 느슨한 형태로 되어 처음보다는 못하지만 부드러운 빵으로 변할 수 있다. 이에 덧붙여 메일라드 반응에 의한 향이 새롭게 생성되기도 한다. 우리가 고급 레스토랑에서 맛볼 수 있는 신선하고 부드러운 빵이 되는 것이다. 고객이 입장할 때마다 준비하고 빵을 새롭게 만들 수는 없지 않은가 말이다. 과학적이건 아니건 간에 보이지 않는 마무리를 위해서 할 수 있는 무엇인가가 있다는 것이 얼마나 다행스러운지 모르겠다.

빵의 보관은 냉동시키는 것이 가장 좋겠지만 일반적으로는 실온에서 보관하기를 권장한다. 왜냐하면 빵의 노화는 냉장온도에서 급격히 일어나기 때문이다. 식품 학자들은 냉동실이 아니면 차선책으로 냉장고에 빵을 보관할 것을 주문한다. 부패라는 위생적인 관점에서 본다면 맞는 말일 수밖에 없지만 오랫동안 보관해 두고 먹을 만큼 많은 양을 구입하는 어리석음이라 할 수 있다. 빵집의 제조환경이 좋다면 5일 이내로 곰팡이가 생기거나 하는 부패가 일어나지 않는다. 두 빵집에서 빵을 사왔다. A의 빵에서는 곰팡이가 생겼지만 B의 것은 부패가 되지 않았다면 사람들은 어느 빵집의 제품을 이용하겠는가? 몇몇 사람들은 곰팡이가 생기지 않은 B를 방부제를 사용했다며 거부한다. 하지만 나의 경우에는 B를 방문한다. 그만큼 제조환경이 좋기 때문이다. 하물며 구입 당일이나 그냥 빵을 먹지 일반적으로는 토스터나 살짝 구운 빵으로 샌드위치를 만들어 먹는 것이다. 보이지 않는 제조환경이 보관이라는 마무리 과정을 통해서 보여지듯이 세상은 아름다운 마무리를 통해서 그 사람의 아름다운 생을 기억할지도 모르겠다.

마무리는 보여지는 결과일 뿐이다. 빵의 속질이 단단해지는 것을 조금이라도 막아보고자 유화제나 계면활성제를 사용한다. 결정화되고자 하는 아밀로오스에 붙어 단단해지는 것을 줄일 수 있기 때문이다. 즉, 부드러운 마무리를 위해서 반죽 초기에서부터 투입되는 첨가재료가 맛을 위한 마무리로 연결되는 것이다. 아름다운 마무리를 위해서는 꼭 최후의 마무리 과정만이 중요하지는 않다는 말이다. 우월한 유전자, 자라온 환경 등이 모두 결부되어 하나의 완숙한 마무리를 이룰 수 있는 것이 아닌가 한다. 다시 말하면 마무리를 마무리로 끝내지 말고 마무리를 위한 과정부터 생각해 보아야 하지 않을까 한다. 물론 마무리의 뜻이 끝맺는다 할지라도 말이다.

3-2.
과거는 과거다

나는 덕수국민학교를 나왔고, 6 · 25 전쟁이 끝나고 부모님은 서울에서 덕수당으로 빵집을 시작하였으며, 미국 유학 후에 경희호텔경영전문대학에서 교수생활을 하게 되었다. 나는 덕수초등학교를 나오고, 덕수제과로 빵집을 하였으며, 경희대학교에서 정년을 맞이하게 되었다. 비슷한 내용을 전하는 글이라 할지라도 과거와 현재에 사용하는 단어는 그 시대의 흐름과 거역할 수 없는 정부 시책에 따라 반영된다.

일제 시대의 잔재라 하여 국민학교에서 초등학교로 바뀐 지가 오래되었다. 무의식 중에 튀어나오는 국민학교 소리에 어리둥절해 하며 듣는 사람들은 세대 차이를 느끼나 보다. 그래서 자식 또는 손자뻘 되는 학생들과의 대화에서는 세대감을 줄이기 위해서 초등학교라 하는 나를 발견하게 된다. 세상과의 타협이다. 국민학교 대신에 낯설기는 하지만 초등학교라 함으로써 더 가까이 다가갈 수 있는 기회가 생기지 않겠는가 말이다. 비록 어린 시절의 소중한 추억들이 퇴색될지라도 우리는 초등학교라 해야 하는 것이다. 컴퓨터로 '하였읍니다'라고 글을 쓰다보면 자동적으로 '하였습니다'로 변환이 된다. 틀렸다는 것이지만 나는 어린 학생시절 그렇게 배웠다. 그럼에도 불구하고 나는 '하였읍니다'로 글을 쓴다. 옛날에 빵집에서 사용하던 호칭인 시다, 쥬담빠, 쥬마리가 기사나 대리라 하여 무엇이 달라지겠는가? 한낱 빵을 만드는 사람들이지 않은가. 더욱이 요즘같이 소수의 직원으로 꾸며나가는 특색있는 젊은이들이 하는 빵집에서는 빵에 미쳐있는 직원들을 잘 북돋아 주는 것이 현재로서 최선이라 생각된다.

빵집의 상호는 참 다양한 것 같다. 독일빵집처럼 빵집 자체를 말하기도 하고, 덕수당이나 이성당과 같이 당 혹은 옥으로 끝나기도 하며, 뉴욕제과나 리치몬드제과점처럼 지명을 사용하기도 한다. 한동안은 김충복과자점이나 김영모과자점과 같이 본인의 이름을 사용하는 경우도 있었으며, 빵집(BANG ZIP)이나 르빠쥬(Les Page)

처럼 상호에서부터 그 집만의 냄새를 풍기기도 한다. 오래되었다는, 무언가 현대적인, 기술이 뛰어난 것 같은, 그저 빵을 파는, 불어를 안다면 책갈피라 생각하여 북카페를 연상시키는 상호들이다. 그러나 중요한 것은 어느 것이 좋다는 것이 아니라 그 집만의 냄새를 고객에게 전달하는 것이리라 생각한다. 빵집들이 대부분 제과점이거나 과자점인 시절도 있었다. 그러나 시절은 지나고 나면 과거일 뿐이다. 중요한 것은 과거의 이성당이 현재의 이성당으로 있으며, 앞으로도 이성당으로 계속 존재하는 것이다. 과거의 흐름을 무시하자는 이야기는 아니다. 왜냐하면 옛날을 지향하는 향수 마케팅도 엄연히 존재하니 말이다.

대학과 대학교는 다른 시스템인가 아닌가? 얼마 전까지만 해도 2년제 대학 시스템에서는 '대학교'란 명칭을 사용하지 못했다. 그리고 학과 명칭에서도 2년제 대학은 '학과'란 명칭을 사용하지 못했다. 내가 다니던 경희호텔경영전문대학에서는 조리과였지만 경희대학교에서는 조리학과였던 것이다. 그러나 이러한 구분이 사라진 지금 과거의 규정에 얽매이지 않음으로서 학생들이 얻는 자긍심은 상당한 것 같다. 과거에 대한 개혁을 이룬 사람들에게 박수를 보낸다.

과거는 과거일 뿐이다. 그리고 내가 살아가는 것은 과거가 아닌 현재이다. 그렇다고 과거를 한낱 과거로 치부하지는 말았으면 한다. 지나온 과거들이 모여 현재의 밑거름이 되지 않은가 말이다. 또한 현재가 모여 미래가 되니 시발점이 되었던 과거가 매우 중요하겠지만 그래도 결론은 과거는 과거다.

3-3.
하나 더하기 하나

어릴 때는 하나 더하기 하나는 둘이라 배웠다. 그러다 중고등학교에 들어서는 하나 더하기 하나가 셋이 될 수도 있다는 것을 알게 되었다. 나이 든 요즈음에는 셋 이상이 될 수도 혹은 제로가 되는 것이 세상 이치라는 것을 깨닫기도 한다. 그저 '나 하나쯤이야' 하는 별생각 없는 행동이 남들에게는 그들만이 아닌 또 하나의 '나'라는 존재가 있어 더 이상 하나가 아닌 것이며, 시간이 지나 잊혀진 기억 속의 나는 더 이상 가치가 없는 제로가 될 것이다.

2,000원짜리 빵을 두 개 팔았다. 내 주머니에 4,000원이 있는 것이 정답일게다. 그런데 어떨 때는 3,200원이, 혹은 빈 주머니로 되어 있을 때도 있다. 어제 팔다 남은 빵이라서 할인을 해 주었고, 많이 산다고 덤으로 주기도 하였다. 한 개 주기에는 어째 좀 께름직해서 말이다. 지금 당장은 손해를 보는 것 같지만 훗날의 방문을 기대하면서 말이다. 사람들은 무(無)에서 유(有)를 창조한다고 한다. 그러나 이 경우는 유형(有形)의 것이 무형(無形)의 창조를 하는 것이다. 이것이 빵집의 마케팅이다. 고객이 산 유형의 빵 하나에 할인이나 덤으로 주는 또 하나를 더한 것은 미래에 다시 찾게 되는 무형의 동기유발이 된다.

하나 빼기 하나는 어떨까? 꼭 제로여야만 하겠는가는 생각해 볼 필요가 있다. 빵 한 개를 만들었다면 우리가 아는 대로 제로일 수밖에 없다. 아무 것도 남아있지 않으니 말이다. 그러나 두 개를 만들어 하나를 팔았다면 마케팅 방식에 따라서 하나가 남든지, 덤으로 주느라 제로가 되든지, 동기유발로 인해서 세 개나 네 개의 미래 자산이 될 것이다. 빵집에서 가장 흔히 사용하는 뺄셈의 기법은 시식코너를 운영하는 것이다. 프랜차이즈 빵집에서 시식 코너를 만나기는 매우 드물다. 그러나 웬만한 동네빵집들에서는 쉽게 볼 수 있으며, 그렇지 않은 경우라면 규모가 작고 영세한 빵집이거나 유명한 빵집의 자만심일 것이다. 내가 최고라는 자긍심은 사회를 살아가는 데에 있어서나 빵집을 경영하는 면에서도 반드시 필요하지만 자만심에 도취하여 잘못된 길로 접어들지 않는 뺄셈의 공식도 반드시 필요한 것이다.

다행스럽게도 우리나라는 매장에서 빵을 직접 만드는 경우에는 무게를 표시해야 하는 법규는 없다. 그래서 빵집마다 가격이 다르더라도 앙금 빵 하나의 무게는 천차만별이다. 고객들은 빵의 무게가 아니라 크기나 가격을 비교할 뿐이다. 물론 맛이 비슷하다는 전제하에 말이다. 남들이 하나 만드는 반죽으로 두 개를 만들어 낼 수도 있다. 개수로는 하나 더하기 하나가 둘이 되겠지만 하나 더하기 하나의 가격은 두 개의 가격이 되지 않을 수도 있다. 크기가 작아진 만큼 싸게 팔거나 해야만 한다. 결국, 덧셈의 공식도 뺄셈의 공식도 공존하는 것이 빵집인 것이다.

하나 더하기 하나가 둘이라는 사회는 더 이상 존재하기가 어렵다 본다. 알파고가 이세돌을 이겼듯이 인공지능을 갖춘 컴퓨터가 있지 않은가? 무한한 연산능력을 뽐내는 컴퓨터가 바둑만이 아닐 것이다. 벌써 3D 프린터를 이용해서 조리되어 뽑아져 나오는 음식을 보게 된다. 머지않아 3D 프린터에서 만들어진 빵이나 머핀이 빵집의 진열대 한구석에 자리할 것도 상상해 본다. 실제로 나도 관심을 가지고 있는 분야이기도 하지만...

고객에게 하나를 주기 위해서 하나를 더 만들면 되고, 직원의 쉼을 위해서 하나를 덜 만들면 된다. 사실 요즈음 같은 복잡한 세상을 살아가는 지혜는 둘 제로가 아닌 덧셈 뺄셈의 공식에서 찾아볼 수 있지 않을까 생각해 본다.

3-4.
능력의 한계

사람의 능력은 천차만별이다. 어느 일에 뛰어난 사람이 있는가 하면 잘 못하는 사람들도 있다. 우리는 뛰어난 사람을 가리켜서 '능력있다'고 표현을 한다. 그리고 대개는 그런 부류의 사람들이 회사나 사회, 그리고 나아가서는 한 국가를 이끌어 나가고 있다. 예전의 일본 사회가 소수의 뛰어나고 능력있는 사람들에 의해서 지금의 발전을 이룩하였으며, 칭기즈 칸이나 나폴레옹의 경우에서도 볼 수 있다. 이처럼 개인의 능력은 한 국가를 일으키기도 하며, 또는 망하게도 하는 원천적인 힘을 발휘하는 바탕이 된다.

나는 비교적 늦은 나이에 학위를 시작하게 되었으며, 석박사 6년 동안 한 과목을 제외하고는 모두 A 혹은 A+를 받았다. 굳어진 머리로 어려운 공부를 시작하면서 어린 학생들과 견주어 뒤처지지 않을 수 있었던 것은 영어 능력이라 생각된다. 남들보다 빠르게 외국 논문들의 내용을 파악하여 정리를 하고 무한 반복 암기를 한 결과였다. 그 당시 기억으로는 한 번에 외울 수 있었던 예전의 능력이 한계에 도달하여 서너 번의 반복을 해야만 했던 것이다. 내가 머리가 좋다거나 영어에 뛰어났다고는 보지 않는다. 단지, 어린 학생들이 경험하지 못했던 미국에서의 유학 생활 덕분이었으며, 모르는 영어 내용을 요약하거나 암기하는 방법을 터득하였을 뿐이다. 다시 말해서 능력이라기보다는 그들에 비해 일찍 이루어진 선행학습의 효과였던 것이다. 남들이 말하는 능력이라는 것은 나의 경우 유학이라는 노력의 결과로 나타났으며, 유학에 들었던 돈과 시간 투자가 무사히 학위를 마칠 수 있었던 힘이 되었다고 본다. 그럼에도 불구하고 요즈음의 나는 마주친 외국인과의 대화를 두려워하고 있다. 한계에 다다른 것이다. 나이의 한계, 머리의 한계, 절박함의 한계 등등이 나와 같이 생활하고 있으니 말이다.

생명공학을 전공하고 있는 아들이 있다. 짧은 기간에 벌써 임팩트 팩터(impact factor)가 100을 넘긴 아들의 연구 능력은 뛰어나다고 보지만 아들 이야기로는 그 분야에서는 흔한 일이라 한다. 지금까지 80여 편의 국내 논문을 주로 발표했던 나에 비하면 그렇다는 얘기다. 제과제빵 학문에서 나의 지식이나 연구는 능력 있다고 보지만 좋은 장비를 함께 할 수 없었던 나로서는 항상 아쉬움으로 남는 부분이 있다. 한계가 있는 것이다. 이렇듯 능력이란 환경에 따라서나 평가 부류에 따라서도 달리 평가된다. 또한 능력 이상에서의 한계는 존재한다. 능력이 한계에 이르면 사람들은 흔히 무리수를 두게 되며, 이로 인해 '나 능력없소!' 하고 한계에 도달한 그를 더욱 두드러지게 할 뿐이다. 능력을 보이려 무리를 하지 말고, 어떤 한계가 있는지를 바로 알고 평가해야 하지 않을까?

한계에 다다른 나를 한계에 옭매지 않게 하는 능력이야 말로 우리가 좋은 삶을 살아갈 수 있는 게 아닐까? 한계를 감출 수 있는 능력, 한계를 헤쳐 나갈 수 있는 능력, 영원한 한계와 더불어 살 수 있는 능력이 우리에게는 필요한 것이다. 남들이 뭐라 하든 말이다. 그저 묵묵히 펼쳐져 있는 한계를 극복하다 보면 미련하다는 말도 들을 수 있다. 아니 미련하다는 말을 들어야 한다. 지름길을 놔두고 돌아 갈 때나 오랜 천연발효종을 만들 때도 그렇다. 고속도로가 아닌 옛날 대관령 길을 넘어갈 때 느끼는 희열은 우리에게 풍요로움을 주며, 이삼일이 아닌 일주일간의 발효 노력은 우리에게 맛 좋은 빵을 선사하지 않는가? 능력의 한계는 단지 겉으로 보이는 것일 뿐이며, 저마다의 한계를 가지고 있다는 것이 참다운 인간의 모습이라 생각한다. 그래서 살아가기 위해서는 좌절하지 않는 꾸준함과 엉뚱하고 미련한 도전 정신이 필요한 것이다.

3-5.
인생 빵생

인간이 스스로 태어날 수는 없다. 남자와 여자의 만남이 없이 태어날 순 없지 않은가? 그래서 사람들은 친자확인을 위해 유전자 검사를 하기도 하며, 그의 DNA에서는 부모님 두 사람의 결과가 존재하게 된다. 빵도 스스로 만들어지지는 않는다. 우선 몇 가지의 재료들이 만나서 형체를 이루는 반죽이 완성되어야 한다. 정자와 난자가 만나서 새로운 생명체를 이루듯이 밀가루의 단백질인 글리아딘과 글루테닌이 만나서 새로운 복합체인 글루텐이 형성되어야 한다. 따지고 보면 인간이나 빵 모두는 두 개의 전혀 다른 것들이 합해져 새로운 것이 창조된다.

엄마 배 속에서 자라나는 태아는 외부의 영양 공급이 없이도 단지 탯줄을 통해 엄마로부터 자라나는 데에 필요한 영양분을 제공받게 된다. 바게트 또한 설탕과 같은 이스트의 영양분을 따로 공급받지 않지만 스스로 밀가루를 분해하여 이스트 발효에 필요한 활성을 얻는다. 즉, 둘은 모두 완성물이 되기 위한 노력을 스스로 해결하게 된다. 스스로의 노력 여하에 따라서 튼튼하고 건강한 아기가 태어날 수 있고, 품질 좋은 빵이 만들어지는 것이다. 물론, 임신 중에 엄마가 취하는 영양에 따라서, 반죽하는 과정 중에 어떠한 환경을 만들어 주느냐에 따라서 결과는 달라지기도 한다. 그러나 부모의 유전자가 좋으면 그만큼 훌륭한 인간이 태어날 확률이 높듯이 질 좋은 재료를 사용한 빵이라면 맛도 당연히 좋아지는 것이 이치일게다.

인간이 태어나서 자라나는 과정도 어쩜 이렇게도 빵이 만들어지는 과정과 비슷한지 모르겠다. 자라나는 환경이 나쁜 집안의 인간들은 대부분의 경우 나쁜 세상에 접하게 된다고 하며, 우리가 자식 결혼을 앞두고서는 그 집의 부모님을 보아야 한다는 속설도 생겨나는 것이다. 좋은 환경에서의 발효는 그만큼 부드럽고 향이 많은 빵이 만들어지는 결과와 같은 것이다. 솜씨 좋은 기술자가 만든 빵이 맛있듯이 훌륭한 부모의 지도 아래에서 자라난 자식들도 마찬가지이리라 본다. 사람들은 말년 생활이 이전과는 다른 경우도 허다하다. 빵도 최후의 과정인 굽기에서 잠깐의 실수로 많은 경우가 발생하기도 한다. 단지 인간의 삶과 빵生이 다르다면 인간은 현재의 시점에서 과거를 치유할 수는 없지만 빵은 과거의 잘못을 현재에서 약간 치유할 수 있다는 점이다. 발효가 약간 덜 되었다면 낮은 온도로 오래 구우면 비슷한 빵이 만들어지기는 한다.

인간은 부모로부터 물려받은 유전병에 의해 불행스럽게도 생을 일찍 마감하는 경우가 있다. 빵을 만들 때 잘못하여 소금이나 설탕이 들어가지 않았다면 빵도 생을 일찍 마감하기는 마찬가지이다. 왜냐하면 빵의 생이란 사람들에 의해 먹혀질 때까지라고 보기 때문에 제품으로서의 가치를 판단하기 이전에 폐기처분되어야 한다. 잘못 만든 빵을 고객에게 속여 파는 제빵인은 없다고 생각한다.

"먹기에는 괜찮은데... 조금 싱거운 것 같긴 한데 소금이 약간..."

"소금이 약간 덜 들어 갔나본데 딴 제품으로 바꿔드릴게요. 미안합니다."

실제로는 소금을 넣지 않아서 폐기 처분해야 할 식빵이었지만 씩씩대는 손님 앞에서 공장장과 내가 한 말이었다. 벌써 20년도 지난 이야기지만 그 많은 식빵을 사간 손님들은 오지 않았고 단지 한 사람만 방문했다는 것이 지금 시대에서는 경이로울 뿐이다.

빵은 정직한 것 같다. 나쁜 재료나 편법 과정을 거친 빵은 정직하게도 결과로 나타난다. 따뜻한 손길 한 번이 그만큼 좋은 제품을 만들게 되며, 빵에 대한 사랑이 곧 고객 사랑과 내 점포의 사랑이 되는 것이다.

3-6.
발효 미학

빵을 만들 때에 가장 오랜 시간을 소비하게 되는 발효는 이스트의 활성을 통해 향과 탄산가스를 생성하며, 이로 인해 우리는 빵의 맛과 적절한 크기를 얻게 된다. 향은 종류에 따라 휘발성과 비휘발성으로 나누어지며 발효 동안에 생겨난 휘발성 향들은 굽기 과정에서 대부분 없어진다. 빵의 중요한 향 성분인 프루프랄과 같은 향은 발효 과정이 아니라 굽기 과정에서 생겨나게 된다. 즉 메일라드 반응이나 캐러멜 반응을 통해 만들어진 향들이 대부분의 빵 향을 나타낸다. 바게트를 먹을 때에 바삭한 껍질을 좋아하는 사람들이 의외로 많다. 과학적으로는 껍질이 바삭할 뿐만 아니라 단단한 껍질 밑에 함축되어 있는 향들이 깊은 맛을 내는 데에 결정적 역할을 하는 것이다.

발효 과정에서 이스트에 의해 발생하는 탄산가스는 반죽이 부푸는 중요한 바탕이 된다. 반죽이 두세 배 팽창한다고 해서 그 부분이 전부 탄산가스라면 큰 문제가 될 것이다. 오히려 기공(반죽 속에 존재하는 구멍)의 팽창은 온도의 차이에 따른 기공 내부 압력의 변화나 기공을 둘러싸고 있는 단백질의 늘어나는 정도에 따라 다르게 나타나게 된다. 따라서 반죽 과정에서 공기가 혼합되어 적절한 기공을 이루는 물리적 현상과 글루텐 단백질의 화학적 발전 단계가 발효와는 밀접한 관계가 형성된다. 옛날에 빵을 만들 때에 많이 사용하던 오버나이트(over-night)법은 전날 저녁에 약간의 혼합 과정을 거쳐 물리적으로 기공을 만들고 12시간에 걸쳐 일어나는 화학적 반응을 이용하여 발효를 마치는 것이다. 폐쇄된 반죽 통 속에 있던 반죽은 발효 시에 더 많은 알코올 성분을 만들어내기 때문에 나이 드신 분들은 가끔 옛날 빵이 맛있었다고들 한다.

같은 현상일지라도 결과적으로 몸에 좋다면 발효라 하고 나쁘면 부패라 하는 것이 일반적이다. 강조하자면 동전의 양면과 같다는 것이다. 하물며 무생물의 금속

동전과 달리 살아있는 생명체인 박테리아나 이스트가 들어 있는 빵 반죽의 경우는 취급에 따라서 좋은 제품을 만들기 위한 종자로 사용될 수도 있거나 버려질 수도 있는 것이다. 기원전 이집트 시대 때 사용된 천연발효빵은 과학적인 이유도 모르는 채 3000년 이상을 만들어 사람들의 사랑을 받았다. 1860년경 파스퇴르에 의해 증명된 발효는 이스트의 작용에 의한 것이었으며, 실제로 천연발효에는 유산균뿐만 아니라 이스트에 의한 발효도 중요한 역할을 하고 있다. '저희는 이스트를 사용하지 않고 천연발효종만을 사용한다'는 업주의 말을 어디까지 믿을 수 있을까? 더욱이 천연발효빵은 소화가 잘된다고 한다면 소화에 대한 의학적인 지식이 부족하다고 판명할 수밖에 없다. 그저 발효를 '발효' 그 이상도 이하도 아닌 무생물의 여러 재료들을 가지고 생명력이 있는 반죽으로 활용하는 단순한 단계라 생각해 보는 것도 나쁘지는 않으리라 생각한다.

지방에 있는 유명한 한식집을 가보면 뒤뜰에 놓여있는 많은 장독들을 보게 된다. 오랜 시간과 충분한 공간을 활용하여 자기만의 장들을 가지고 음식을 만들어 고객들의 환영을 받고 있다. 비싼 임대료와 대량 생산이라는 제약이 있는 도심의 음식점들도 저마다의 특색을 살려 고객들을 맞이하고 있다. 과연 오랜 장 맛이어야만 음식이 맛있다고 할 수 있는 것은 아닐 것이다. 남들이 천연발효라 하여 나도 천연발효 아니면 고객으로부터 외면당할 것이라는 생각은 잘못이다. 깊은 향과 부드러운 속질을 가진 빵의 탄생은 꼭 천연발효로써만 나타날 수 있는 것은 아니며, 많은 아름다운 변화가 일어나는 발효 미학을 충분히 이해하는 것에서부터라 생각한다.

3-7.
흑백의 조화

실험실에서 빵을 만들고 나면 기기를 이용하여 분석을 하게 된다. 많이 사용하는 것 중에 하나가 색 비교를 위한 색차계를 이용하는 것이며, 색의 밝기를 표현하는 명도(L*)는 흰색을 '100', 그리고 검은 색은 '0'으로 나타낸다. 보통 식빵의 속질 색은 하얗다고 표현하여 white bread란 단어를 사용하지만, 실제로 분석결과 나타나는 L* 값은 '70'으로 나타나서 하얀 색이 아니다. 단지, 다른 빵들에 비해 밝은 것이다. '100'이 아닌 것을 하얗다고 표현하는 흑백의 조화가 제과제빵에는 있다.

인간은 본질적으로 남자와 여자로 구분할 수 있다. 그리고 남녀가 결혼하여 살아옴으로써 현재의 사회가 존재하게 된다. 그러나 사회에는 남남끼리의 게이나 여자들만의 레즈비언도 있으며, 심지어는 본질을 무시하고 성전환을 통해 강제적인 성을 가지는 경우도 있다. 즉, 흑과 백이라는 이분법에서의 남자와 여자뿐만 아니라 다양한 조화가 있으며, 많은 나라들이 저마다의 기준을 가지고 이들을 사회의 구성원으로 받아들이기도 한다. 이를 통해 각자의 욕구를 충족시키는 사회를 이룩할 수도 있으며, 더 나아가서는 자유를 앞세운 건강한 세계가 유지될 수도 있겠다.

나의 중학교 때까지의 사진을 보면 흑백사진이 많다. 그 당시에는 컬러필름 현상이 비쌌을 뿐만 아니라 카메라 자체도 지금과는 많이 다르기 때문이었을 것이다. 그러나 요즈음에도 흑백을 고집하는 사진작가들이 있다는 것은 무엇을 의미하는 것일까? 이분법의 흑백 사이에는 검정과 하양의 조화를 이룬 회색도 있다. 밝은 부분이, 검정 부분이 회색으로 인해서 또 다른 무엇인가를 나타내는 것이다. 이로 인해 흑이 또는 백이 더욱 존재감을 발휘하게 된다. 가끔 흑백사진을 바탕으로 하여 몇 가지 색만으로 채색한 광고를 보면 무언가 새로운 감이 나타나기도 하며, 이분법 아래에서의 흑백이 나닌 이분법의 조화로부터 새로운 세상이 열리기도 한다.

몇 년 전에 유럽 방문 길에서 걸인과 산뜻한 차림의 아주머니가 공원 벤치에 앉아 다정스럽게 담소를 나누는 장면을 목격한 적이 있다. 걸인 가까이에는 더러운 배낭과 먹다 남은 와인 병이 있었다. 무슨 이야기가 오고 가는지는 알 수 없었지만 옆에 나란히 앉아 있는 것만으로도 나에게는 신선한 충격으로 다가왔다. 서울역 앞에 이곳저곳에 있는 노숙자들을 떠올리면서 말이다. 부자와 가난한 자의 이분법에서는 경제력이 좌지우지하게 될 것이지만 가난한 자에게도 정치적, 경제적, 사회적 의견은 있지 않겠는가? 아니 어쩌면 그들이 어느 한 분야에서는 월등할 수도 있을 것이다. 경제를 포기하고 사회에만 관심이 있는 사람보다 경제와 사회를 결부지어 생각하는 사람이 훨씬 덜 자유스러울 수 있기 때문일 것이다. 그래서 가난함과 부유함의 조화가 더욱 절실히 필요한 세상일지 모른다.

진보나 보수처럼 흑백 논리를 자명하게 가르는 경우도 드물다고 생각한다. 그래서 사람들은 진보와 보수의 조화를 위해서 꼴통보수, 진보적인 보수란 단어를 사용하기도 한다. 한 가지 이상한 점은 진보에는 따로 이름을 붙여서 사용하는 경우가 드물다는 점이다. 마치 흑색 물감에 화려한 색 물감을 풀어 쓰는 것보다는 백색 물감에 여러 색을 사용하는 것이 작품으로서의 가치가 있는 것처럼 말이다. 물론 화려한 색감이 약간 퇴색하겠지만...

세상은 흑백으로만 설명될 수는 없으며, 또 보다 나은 세상을 위해서는 그렇게 되어서도 안 된다고 생각한다. 흑백의 조화가 흑과 백을 더 선명하게 나타내듯이 존재감이 없어 보이는 조화의 세계를 바로 보아야 하겠다. 회색처럼 말이다.

3-8.
중용의 길

나는 1975년 추운 2월에 논산 훈련소에 들어가서 1977년 여름까지 군 복무를 하였다. 그 당시 군 선배 경험자들로부터 들었던 조언은 남들보다 앞서지도, 뒤처지지도 않으면서 따라가는 것이 군 생활을 현명하게 하는 것이라고 말이다. 그러나 곧 깨닫게 되었다. 중간이란 이러지도 저러지도 못할 수밖에 없는 사실이고, 고된 훈련을 빨리 끝낼 수 있는 방법은 무조건 1등을 해야 한다는 것이었다. 한명 선착순을 할 때에 1등을 못할 바에야 마지막 그룹에 끼었다가 그다음 번에 1등을 하여 휴식을 취할 수 있었으니 말이다.

중용이란 동양 철학에서 말하는 도덕론의 기본 개념이며, 지나치거나 모자라지 않고 한쪽으로 치우치지도 않는 정도를 이르는 말로 좋게는 신중한 실행이나 실천을 뜻하기도 한다. 지나치다는 것이 남들보다 우월하다고, 모자라다는 것이 능력이 부족하다고 말할 수 있다고는 생각하지 않는다. 바꿔 말하면 개인적인 사항과 개인이 가야 할 길은 별개라 할 수 있는 것이다. 세상에는 수많은 개인들이 존재하고 그들마다 가는 길 또한 여럿 있다. 모든 사람들이 중용을 지킨다면 얼마나 재미없는 세상이 만들어지겠는가. 우선 내 존재 가치부터 없어지지 않겠는가 말이다.

빵을 만들 때에 발효를 오래 시키면 부드럽고 맛있는 빵이 만들어진다고 한다. 실제로 발효를 오래 시킨 반죽으로 빵을 만들면 향도 풍부하고 속이 부드러운 빵을 만들 수 있다. 물론 짧게 발효시킨 것에 비한다면 좋은 빵이 되지만, 껍질의 신선도는 떨어지는 것으로 연구되고 있다. 우리가 빵을 먹을 때에는 껍질을 벗기고 속만을 먹는 경우는 드물다고 생각한다. 바게트의 경우 껍질 부분이 더 고소하고 맛있다는 사람들이 많다. 실제로 많은 향들이 껍질 부분에 몰려있기 때문이며, 바게트 속만을 먹어 보았을 때에 맛있다고 느끼는 사람은 별로 없을 것이다. 한번 바게트를 사서 껍질과 속 부분을 따로따로 먹어보면 알아차릴 것이다. 중용이라 표현될 수 있는 더도 말고 덜도 않는 적절한 발효만이 껍질과 속질의 신선도를 높일 수 있는 방법인 것이다. 그러나 이러한 중용의 길도 환경에 따라서는 바뀌어야 한다. 일반적으로 빵 반죽온도는 27-28℃가 최적이라 한다. 그러나 모든 반응들이 화학적인 것에 기초한 제빵은 온도에 매우 민감히 반응하게 된다. 그래서 자동화 기계를 사용하는 큰 공장에서는 반죽온도를 31℃까지 맞추어 제빵시간을 단축시켜서 제조단가를 낮추기도 한다. 실험에 의하면 27℃로 반죽을 마친 후에 2분 남짓의 전자레인지 조사로 발효 시간을 30% 정도 단축효과를 나타내기도 하였다. 최적이, 중용이 곧 최상이 아닐 수도 있다는 말이다. 굽기의 경우에는 더욱 뚜렷한 중용이 없게 된다. 굽기의 최적 환경은 두 가지 사항이 맞물려서 돌아가는 시스템이기 때문이다. 온도가 높으면 시간을 짧게 하고, 온도가 낮으면 오래 굽는 것이 중용의 길이 될 것이며, 이는 경험과 제빵사의 선호에 의해서 결정된다.

최근 브라질의 축구스타 네이마르가 이적을 하면서 새로운 팀은 이를 위해서 3,000억원 가까운 돈을 FC 바로셀로나 팀에 지불한다고 한다. 남들이 하는 만큼만으로는 이룰 수 없는 어마어마한 일이 아닐 수 없다. 그렇다고 모든 부모들이 내 자식을 그처럼 키울 수는 없는 일이 아닌가. 아니 그보다는 TV에서 뛰는 네이마르의 활약을 보는 것이 현명한 중용의 길이 아닌가 싶다. 밀가루를 익혀서 만드는 탕종법이나 천연발효가 아니더라도 지금까지 배워왔던 직접 반죽법으로도 훌륭한 빵을 만들어 낼 수 있다는 말이다. 진정히 실천하는 중용이야말로 최상의 길인 것이다.

3-9.
우리만의 세계

내가 가락시장 부근에 있는 아파트에 산 지도 벌써 30년도 더 지났다. 새벽녘에 별을 보며 출근하고 저녁 늦게 달을 보며 퇴근하곤 했다. 어쩌다 가끔 일찍이라도 퇴근하는 날이면 가락시장에 들어가 저녁 경매하는 소리를 들으며 포장마차에서 잔을 기울이곤 했다. 노란 비닐로 둘러싸인 벽 너머로 들려오는 경매 소리는 모든 것을 아는 듯한 해박한 지식을 갖고 있다는 교수라 해도 도저히 이해할 수 없는 내용이었으며, 무슨 단어인지도 알아들을 수 없었다. 그들만이 통용되는 것이다.

"영어 단어가 틀렸어요."

몇 해 전인가 석박사 논문발표 때 일이었다. 식품영양을 전공으로 하는 교수가 제자의 발표를 듣고 하는 말이었다. 우리는 빵이나 케이크의 속질에 나타나는 구멍을 기공이라 하며, 영어로는 크럼 셀(crumb cell), 그레인(grain), 에어 포켓(air pocket)이라 한다. 실제로는 공기가 들어있는 주머니란 에어 포켓 정도가 일반인이 알 수 있는 단어이지만 그보다는 다른 단어들이 통용되어 사용되는 것이 제빵의 현실이다. 타원형이 될 수밖에 없는 기공의 형태는 마치 세포(cell)나 곡식 낟알(grain)의 형태를 지니고 있기 때문이며, 식품재료만을 다루어 왔던 그는 틀렸다고 말하였던 것이다. 영어 학자들이 보는 문법 관점에서는 틀리다는 제빵을 뜻하는 breadmaking 단어도 외국의 유명한 제빵 논문에서 많이 사용되는 단어이지만 국내 논문 발표에서는 가끔 지적을 받곤 하였다.

백분율(%) 개념은 모든 변수들의 총합이 100%를 나타내고 있지만 제과제빵에서의 %(baker's percent)는 가장 많이 사용하는 재료인 밀가루를 항상 100%로 보고 나머지 재료들을 합하여 총합이 160% 이상을 나타내곤 한다. 이럴 경우 학술적으로는 보통 밀가루 기준(flour basis %)이라 사용하긴 한다. 가령 밀가루 100g에 물이 60g인 배합이라면 일반적으로는 밀가루 62.5%, 물 37.5%, 총합은 100%이지만, 제빵에서 사용하는 배합에서의 총합은 160%가 되는 것이다. 또 날씨를 이야기할 때에 오늘의 습도는 70%로 불쾌지수가 높다고 말하지만 실제로 제빵에서 70% 수준의 습도에서는 빵 반죽이 마르게 된다. 제빵 사회에서는 상대습도를 사용하여 절대습도로 표현되는 일기예보의 습도와는 다른 것이다. 제과백분율은 계산과 비교특성의 편리함 때문에 사용하게 되며, 상대습도는 발효과학의 정밀함 때문에 사용한다. 즉 그들만의 세상인 것이다.

제과제빵 세계에는 그들만의 법 사회가 있다. 법의 저촉을 피하고자 만든 그들만의 방편이 새로운 관습을 행하게도 하고, 새로운 제품을 탄생시키기도 한다. 보통 한 다스를 말할 때 12개를 이야기하지만 빵집에서는 13개를 주는 것이다. 환경에 따른 발효의 차이로 인해서 정확한 무게를 보장할 수 없었던 것을 1개를 덤으로 주면서 판매 시 지켜야 할 제품의 무게를 안전하게 보장받았던 것이다. 프랑스 바게트의 유래는 여러 학설이 있지만 그중의 하나는 1920년에 만들어진 프랑스의 제빵에 관한 노동법의 결과라 한다. 오랜 시간이 걸리는 바게트의 생산을 제시간에 맞추기 위해서 가늘고 긴 형태로 모양을 내어 짧은 시간에 구워서 지금의 바게트 형태가 되었다고 한다. 위법을 피하고자 하였던 제빵인들의 노력이 스며들어 있는 땀의 결실인 것이다.

한 사회에 적응한 결과가 다른 사회의 적응으로 이어지지는 않으며, 한 사회에서의 성공이 진정한 성공이라 말할 수는 없다. 하물며 우리는 한 사회에 몸담고 있는 것이 아닌가? 우리만의 세계가 있듯이 그들 또한 세계가 있다는 것을...

3-10.
실습실의 첫날

나는 실습 첫날에 어떻게 만드는지도 모르는 학생들을 앞에 두고 항상 식빵(혹은 스펀지케이크)을 만들어 보라 한다. 앞에 놓여있는 재료들은 제품을 만드는 데에 필요한 것들이지만 사용하는 재료의 양은 각자가 정하며, 만드는 과정 또한 자유롭게 한다. 시작과 함께 학생들은 열심히 재료의 양을 저울에 달고, 지난 한 학기 동안 배운 모든 이론 지식을 동원해서 만들어 낸다. 모양이야, 맛이야 어떻든 식빵은 만들어지고 학생들은 신기한듯 본인들의 작품(?)을 보며 생각에 잠긴다.

'어! 만들어지네.'

'지난 학기 어려운 제과제빵론 괜히 배웠네.'

그렇다.

과학으로가 아니라 감으로만도 식빵은 만들어지는 것이다. 그러나 우리는 장사를 하루 이틀하고 말 것이 아님이 분명하다. 그러기에 만든다는 사항이 중요한 것이 아니라 매일 같은 식빵을 만들 수 있어야 하는 것이다. 물론, 매일 똑같은 품질의 빵을 만든다는 것은 거의 불가능한 일임이 분명할지라도 그러기 위해서 과학적인 관찰과 실험에 의한 합리성과 실증성이 접목되어야만 한다.

이집트 시대에 이미 지금과 같은 폭신한 빵이 만들어졌다는 것은 기록에 의해서도 증명되고 있다. 우연한 실수에 의해 비롯된 것이기는 하였지만 맛에 대한 합리성은 1857년 파스퇴르에 의해서 빵의 부푸는 현상이 효모에 의해서라고 밝혀지기 전까지는 과학적인 실증성이 없었다고 할 수 있다. 다시 말하자면, 그 당시의 빵 맛이 지금과 같다고는 말하기가 어려울 것이다. 하물며 빵 맛이란 발효과학뿐만 아니라 여러 과정에 접목되는 물성학, 열역학 등과 같은 과학들이 어우러져서야 완성되는 것이다.

요즈음 유행하고 있는 천연발효빵은 몇 년 전만 하더라도 발효종의 관리가 어려워 기술이 뛰어나고 규모가 큰 제과점에서만이 그들의 노하우로 제품을 만들어 왔다. 그러나 과학의 접목은 동결건조의 천연발효종 분말이나 기계적 발달의 결과인 배양기의 소형화로 많은 제과점들에서 빼놓을 수 없는 제품이 되었다. 이에 따라 100% 천연발효빵이라 홍보를 하고 있지만 천연발효법에도 여러 방법들이 있으며, 효모를 혼합하여 배양한 발효종을 이용하는 경우가 품질이 더 우수하였다는 연구 결과를 보면 홍보 목적이 아닌 한 효모를 섞어서 천연발효빵을 만드는 것이 시간을 절약할 수 있거나 소비자를 위한 품질 면에서 나은 것이다.

바둑에서는 복기 수순이 있다. 본인의 패착이 어느 순간에 일어났는지를 확인함으로써 그의 기량은 하나둘씩 쌓여 어느 경우가 되었든 결과를 예측할 수 있을 뿐만 아니라 똑같은 실수를 방지할 수 있다.

"교수님 식빵은 쫄깃하고 맛있네!"

"왜, 우리 조는 바게트 껍질이 바삭하지 않을까?"

그렇다. 그저 지금 만들어 내는 것이 아니라 보다 나은 미래의 제품을 위해서는 다른 조의 잘못된 제품도 먹어보고 올바른 평가를 내릴 수 있는 능력을 키우는 것도 매우 중요한 일이라 생각한다. 흔히들, 젊은 시절에는 친구를 가려서 사귀지 말고 많은 친구들을 사귀라 한다. 그러나 그것도 때가 있어서 나이가 많은 사람에게는 적절하지는 않을 것이다. 반죽을 처음 만져보는 사람에게는 '밀가루와 몇 가지 재료들을 섞어서 반죽을 만들어 구우니 빵이 만들어지네!'라는 생각을 가지도록 하는 것으로 첫 시간은 훌륭하리라 생각한다. 더 맛있는 빵을 만드는 것은 그다음 일인 것이다.

3-11.
모순 덩어리

창과 방패를 일컫는 모순이라 함은 앞뒤가 서로 맞지 않는 말이나 행동에 사용하는 말이다. 이렇게 하라는 말을 하면서도 결과적으로는 저렇게 행동을 하니 그것을 보고 있는 사람들에게는 당혹감과 괴리감이 들 수밖에 없다. 이러한 모순 덩어리는 서로 대비되는 반대의 성향에 따른 결과로 나타나지만 한쪽에서 다른 방향에 있는 극점을 가기 위해서는 여러 과정들이 있다는 것도 사실이다. 마치 흑과 백 사이에 회색이 존재하듯이 말이다.

식당에 가면 모든 메뉴는 정찰제로 운영되고 있다. 그럼에도 불구하고 많은 경우 사람들은 팁을 준다. 외국의 경우에는 대부분 감사의 표시로 식후에 지불하지만 국내의 경우에는 주로 식사 과정이나 초반에 담당하는 직원에게 직접 건네준다. 여기에도 모순은 존재한다. 공공연히 주인 몰래 건네는 팁으로 인해서 얻을 수 있는 것이 많다는 것을 사람들은 안다. 마치 우리가 회색을 찾듯이 가격에 맞는 서비스나 메뉴 이외의 것이 존재한다는 것을 알기 때문이다. 부정적인 면의 모순이 긍정적인 무엇으로 변화되기를 기다리면서 말이다.

빵집의 순리는 맛있는 빵을 위생적으로 만들어 싼 가격에 판매하는 것이라 생각한다. 요즈음 지하철 역내에는 많은 1인 빵집들이 운영되고 있다. 맛도 괜찮고 가격도 싸니 우후죽순으로 생기나 보다. 역내에서 친구를 기다리다 보니 앞에도 조그마한 빵집이 있지만 빵을 손에 사들고 가는 사람은 1인 빵집이 훨씬 많았다. 그렇지만 오븐 밑에서 구워지기를 기다리고 있는 팬 위에 조그마한 빵들을 보면서 빵집의 순리와 모순되는 것을 발견하였다. 바로 위생이었다. 지하철역 탁한 공기 속에 오가는 많은 사람들에 노출되어 기다리고 있는 팬 위에 성형된 빵.. 사람들은 긍정적인 싼 가격과 본인의 위생을 바꾸는 모순을 저지르고 있는 것이다. 또한 위생적으로 빵을 만들어야 한다는 것과는 모순되게 매출은 증가하는 것이다. 모순을 탓하기 전에 그저 주인의 양심이 자리 잡기를 바란다.

한동안 거대 프랜차이즈 업체와 동네빵집 간에 분쟁이 있어 왔다. 아직은 공정거래위원회의 규정이 최후적으로 어느 쪽의 손을 들어 주었는지는 분명치 않다. 왜냐하면 아직도 건재한 동네빵집들이 있는 반면에 날로 매출이 증가되고 있는 프랜차이즈 업체를 볼 수 있기 때문이다. 결국 뚜렷한 검정과 하양이 아니라 보기 좋은 회색을 찾기 위한 노력이 진행되고 있다고 본다. 이러한 방편의 하나로 동네빵집들은 협업을 하고 있고, 결과 또한 좋은 방향으로 나타나고 있다. 영세한 자금력에 갖출 수 없는 기계들을 공동으로 구매하고, 협업에 참가한 사람들이 모여서 같이 빵을 만드는 것이다. 로마시대에도 각자가 반죽을 만들어 와서 한 곳에서 공동체로 움직이는 오븐을 사용하여 제품을 구워 판매하기는 하였다. 빵의 질감은 반죽에서부터 차별화가 된다. 그러나 반죽부터의 협업이 특색있는 동네빵집의 생명을 이어나갈 수는 없다고 생각한다. 동네빵집이 살아남기 위해서라는 관점에서 보면 모순이 아닐 수 없다. 이러한 협업에 관한 칭찬 기사를 보니 왠지 씁쓸한 마음이 든다.

케이크 경우에는 예외가 있을 수 있지만 빵을 만들 때 필수적인 재료는 밀가루이다. 그럼에도 가끔 캐나다산, 혹은 호주산 밀가루를 사용하여 속이 더부룩하지 않다는 말을 들을 때에는 교육자로서 미안함이 들 뿐이다. 글루텐으로 인한 유전학적인 질병이나 밀가루로 인한 알레르기일 뿐 밀가루 생산국가에 따른 현상이 아닌 것이다. 모순이다. 남을 깎아 내리기 위한 모순, 무지에서 나오는 모순을 저지르지 말고, 회색을 찾는 지혜를 생각해 보면 어떨까 한다.

3-12.
단순과 복잡

빵을 만드는 것은 매우 단순하다고 볼 수 있다. 밀가루에 기타의 필요한 재료들을 혼합하여 반죽을 만들어서 구우면 된다. 나는 이러한 단순한 작업을 과학이라는 명제 아래 그동안 오랫동안 연구하고 시간을 쏟아 붓고 있었다. 그러나 빵을 만들기 위해서는 필수 재료라 하여 밀가루, 물, 소금, 이스트가 반드시 있어야 하고, 맛과 영양을 위해 부재료라 하여 설탕, 분유, 계란 등을 사용하기도 하며, 여러 과정을 잘 아우르게 할 수 있는 첨가 재료로 혹은 보조 재료로서 제빵 개량제를 사용하기도 한다. 이 초기의 과정에서 벌써 제빵의 복잡성이 나타나는 것 같다.

재료의 계량작업을 비롯하여 반죽, 1차 발효, 분할, 둥글리기, 중간 발효, 가스빼기, 성형, 팬닝, 2차 발효, 굽기, 냉각, 그리고 포장에 이르기까지 많은 제빵과정은 과학적으로는 단순히 반죽, 발효, 굽기로 단순화할 수 있다. 한 가지 작업마다는 단지 단순한 목적을 가지고 있을 뿐이다. 그 과정이 요구하는 목적을 달성하면 되는 것이다. 그러나 아무리 단순한 한 가지의 제빵과정이라도 여러 단계를 거쳐야 한다는 것 또한 사실이다. 흔히들 반죽은 글루텐이 잘 발전되어야 한다는 목적을 가진다고 하지만 이를 위해서는 건조 재료들의 충분한 수화가 이루어져야 하며, 혼합하는 동안에 충분한 공기의 혼입이 있어야 한다. 또한 발효는 재료들이 혼합되는 반죽의 초기부터 일어나서 열에 의해 이스트의 활동이 없어질 굽기의 초반까지 일어나게 된다. 즉 하나의 과정이 따로따로가 아니라 동시에 일어나게 되는 것이다. 다시 말하면 단순과 단순만이 아니라 단순과의 사이에서 존재하는 또 다른 단순이 보태진 복잡이 제빵의 근간을 이루고 있다.

제빵에서 밀가루의 기능은 글루텐을 발전시켜 제품의 골격을 만들어 낸다고 가르친다. 이것은 단지 밀가루 12% 정도의 성분만을 이야기할 뿐이며, 밀가루 70% 이상 대부분의 성분인 전분을 염두에 두지 않고 하는 가르침이 될 수밖에 없다. 반죽의 구성을 미시적으로 보면 40% 이상의 공기를 호화된 전분이 둘러싸고 그것들을 글루텐 단백질들이 연결하는 모양이다. 그래서 부드러운 빵을 위해서는 글루텐 발전을 최소화할 필요가 생긴다. 글루텐이 너무 강하면 제품이 질겨지고 약하다면 부드러워지는 것이다. 그래서 제과제빵 반죽 시 고려해야 할 사항으로 제빵에서는 글루텐의 최대화(maximum gluten), 케이크와 같은 제과에서는 글루텐의 최소화(minimum gluten)라고 가르친다. 심지어는 단순히 단백질의 양뿐만 아니라 글루텐 단백질의 근간인 글리아딘과 글루테닌의 함량이나 종류까지도 가르친다. 고분자 화합물로 알려진 탄성의 글루테닌과 점성을 나타내는 저분자 글루테닌이 있다는 것까지도 말이다. 단지 상대하는 수강생들의 학습 능력 여하에 따라서 가르침의 정도가 변할 뿐인 것이다.

단순을 단순하다 말하지 마라. 복잡을 복잡하다 말하지 마라. 하물며 단순하게 말한다고 상대방이 단순하다 생각하지 말고, 복잡하게 말한다고 뛰어나다 평하지 마라. 물론 지식이 짧아서 단순히 말할지라도 그것이 그의 본질인가는 깊이 고려해 보아야 하지 않겠는가? 그렇지 않다면 그저 내가 세상을 단순하게 편하게 살고자 할 뿐인 것이다. 세상살이는 그렇게 단순하지 않다. 오히려 수많은 희로애락의 과정에서 성숙하는 삶이 우리의 삶이며, 좋았던 단순과 나빴던 단순의 점철로 이어진 복잡한 삶의 결과가 마지막에는 '잘 살았다'는 한마디의 말로 나타날 수 있다. 복잡한 제빵이론을 단순하게 표현하는 것에는 단순한 노력 외에는 없었던 것 같다.

3-13.
내버려 두기

피곤한 상태에서 운전을 하다보면 나도 모르는 사이에 졸음이 오게 된다. 그러다 보면 한쪽 방향으로 쏠리는 자동차가 자칫 대형 사고를 일으키곤 한다. 그래서 사람들은 고속도로를 만들 때에 차선 위에 홈을 주어 사고를 방지하기도 하며, 과학의 힘을 빌려서 차선 이탈 시에 경고음을 주게도 만든다. 그냥 내버려 두면 큰 사고가 나기 때문이다. 결혼을 앞둔 자식들이 예식장을 보러 다닌다 한다. 본인들이 결정하게끔 그대로 두어야 하겠지만 요즈음에 부모의 도움을 받지 않고 결혼을 할 수 있는 젊은이가 많지 않은 것 또한 사실일 게다. 어느덧 결혼이란 가족 전체의 행사가 되었기 때문에 그냥 본인들에 맡겨서 내버려 두기에는 생각해 볼 사항들이 너무 많은 것이다.

빵 반죽을 내버려 두라. 대부분의 빵은 반죽을 하여 대략 1시간 정도의 발효를 거치는 직접 반죽법(straight dough method)으로 만든다. 그러나 서너 시간이 걸리는 스펀지 반죽법(sponge and dough method)으로 만들 때에 빵은 품질이 좋으며, 10시간 이상 내버려 두었다가 만드는 오버나이트법(over-night method)으로 만든 빵은 더욱 부드럽고 향긋하다. 약간의 제약과 보살핌이 필요한 천연발효법(sour dough method)의 빵은 최소한 3일 이상의 오랜 발효 시간이 필요하지만 왜 많은 빵집들이 천연발효를 앞세워 홍보하는가를 이해하기에는 너무나도 쉬우리라 생각한다. 그만큼 맛과 향이 좋은 빵이 만들어지기 때문이다. 그러나 제빵에서는 내버려 두는 것만이 능사는 아니다. 반드시 시간이 경과됨에 따라서 살펴야 할 부분도 늘어나는 것이다. 이러한 부분들은 축적된 오랜 경험과 쌓인 지식으로 해결될 수밖에 없다. 결국 노력이 필요하단 말이다.

오븐을 내버려 두라. 식빵을 굽는 도중에 오븐 문을 자주 열게 되면 모양이 찌그러지는 경우가 흔하다. 물론 오븐 내의 압력 변화가 급격히 발생하는 이유가 있겠지만 일정한 온도와 시간이 필요한 굽기 과정에서 일어나는 과학적인 현상에 기인할 따름이다. 그러면 오븐을 열지 않고도 제품이 완성되었는가를 어떻게 알 수 있는가 하는 문제가 대두된다. 여기에는 경험이 필요하다. 노력 외에도 경험이 필요한 것이다. 껍질 색은 굽는 온도에 따라 드러나는 색이 달라진다. 높은 온도라면 색이 진해지고, 반대로 낮은 온도에서 구우면 색은 연해지는 것이다. 실제로는 굽는 초기에 급격히 팽창하는 오븐스프링을 지나면 껍질과 옆면이 터지며, 제품 내부에 있는 수분의 증발로 인해서 약간 수축하게 된다. 그래서 굽는 후반부에 오븐 창을 통해서 살펴봄으로서 최종 단계를 알 수 있다. 따라서 실기 교재에 있는 굽는 시간은 단지 참고사항이 될 뿐이며 중요한 것은 과학적인 근거를 경험을 통해 익히는 과정이라 할 수 있다.

사람이 살아가는 데에는 꼭 지켜야 할 것이 있는 반면에 중요한 것처럼 보이는 빵을 굽는 시간과 같이 참고사항들도 많다. 참고해야 할 것들을 무시한 채로 세상을 살아가고자 한다면 찌그러진 식빵처럼 왜곡된 삶의 시간을 보낼 수밖에 없다. 그렇다. 내버린다는 것은 알기에 내버릴 수 있는 것이며, 알기까지에는 시간이 필요하다. 다시 말하면 시간을 어떻게 활용하는가에 따라서 꼭 필요하지 않은 것들을 내버릴 수 있다.

오늘도 카스텔라를 만든다. 반죽을 자연스럽게 1m 높이에서 틀에 흘려 부음으로서 만들어지는 조밀한 기공은 큰 기포를 없애기 위한 시간을 절약해 주지 않는가? 반죽을 내버려둠으로써 말이다.

3-14.
장미를 보는 시각

빠알간 장미는 그 색의 강렬함으로 인해서 사랑과 열정을 느끼게 한다. 그러나 장미의 꽃말을 보면 색뿐만 아니라 장미 송이 수에 따라서도 뜻하는 바가 달라서 많은 꽃말들이 존재한다. 가령, 분홍 장미는 행복한 사랑, 흰 장미는 순결, 장미 3송이는 사랑, 30송이는 고백, 365송이는 일년 내내의 사랑을 나타낸다고 한다. 또한 흰 장미 1송이가 즐거움을 표현하는 반면에 분홍 장미 4송이를 함께 한다면 영원한 사랑을 뜻하기도 한다. 어려서부터 꽃을 좋아하던 나는 대학시절 가끔 꽃을 사들고 집에 가곤 했다. 일주일을 버티지 못하는 장미였지만 탐스럽게 솟구쳐 오른 봉오리에서부터 시들어 버릴 때까지의 아름다움을 보기 위해서 말이다. 결혼 후에는 50세까지 매년 와이프 생일날에 나이 수대로 장미꽃을 선물하고, 결혼 기념일에도 장미 한 다발을 선사하였다. 지금은 오래두고 볼 수 있는 꽃들로 대체하였지만 적어도 와이프 50세까지는 장미와 함께 하였던 사랑의, 열정의 나날을 보냈다.

지금은 종류가 다양해졌지만 옛날에 케이크 위에 버터크림으로 짜서 얹어놓은 꽃은 대부분 장미였고, 공장에서 일하는 신참들에게 상급자가 짜는 장미꽃은 배우고 싶은 기술 중에서도 으뜸이었다. 틀이 없으면 계란 한 판 위에 짜놓기도 하여 30송이의 장미가 냉장고에서 굳어가는 것을 보며 내 가게를 운영해 보는 꿈을 가지곤 했다. 현란하게 움직이는 손동작을 따라해 보면 영어 알파벳 'e'를 필기체로 쓰는 동작일 뿐인 것을 보면 장미를 짜는 데에도 기본과 숙련이 필요하다는 것을 알 수 있다. 우리가 영어 단어를 배울 때에 정자(正字)를 먼저 숙지하고 나중에 필기체를 배우는 과정과 같은 것이다. 하루에 300송이를 짜보면 안다.

장미를 미술적으로 그리는 가장 간단한 방법은 가운데 점을 기준으로 세 번의 빗선을 삼각형으로 그리고 그 바깥으로 다섯 번의 빗금을 그려주면 된다. 즉 장미의 기본 문향은 1, 3, 5, 7 등의 홀수로 나타나게 된다. 작은 봉우리는 세 번으로 가능하며, 활짝 핀 장미를 연출하기 위해서는 일곱 번의 선을 그리는 것이다. 이는 꽃꽂이의 기본 구도인 홀수 배치와도 일맥상통한다. 그러나 따지고 보면 선 하나는 하나의 꽃잎을 의미하며 장미는 이러한 꽃잎이 여러 겹 겹쳐져 있는 것이다. 따라서 나는 장미를 짜는 수업 시간에서 한 송이의 장미를 짜는 연습보다는 하나의 꽃잎을 짜는 데에 많은 시간을 할애한다. 결국에는 하나의 잘 짜낸 꽃잎들이 모여서 아름다운 한 송이의 장미가 이루어지니 말이다. 이렇듯 하나의 사물을 볼 때에는 전체를 보아야 할 때와 전체를 위해서 하나하나를 생각해 볼 때가 공존하는 것이다.

제과제빵의 공정은 모든 것들이 서로 영향을 주고받기 때문에 재료뿐만이 아니라 하나하나의 공정까지도 알아야 하지만, 하나하나를 아는 것으로 그치지 말고 서로를 관련지어 생각해 보아야 하는 어려운 것이다. 그저 맹목적으로 제과제빵 이론을 외우지 말라는 이야기이다. 그래서 나는 시험에서도 반죽온도 27℃, 단백질 12%와 같은 숫자와 관련된 문제는 출제하지 않는 편이다. 31℃의 반죽으로도 훌륭한 빵은 만들어지며, 11%의 밀가루로도 맛있는 빵은 만들어진다.

세상은 오묘하고 조화로운 바탕에 근거하여 이루어진다. 이러한 근거도 따지고 보면 한 가지의 정석에서 출발하지 않았는가 생각해 본다. 마치 하나의 장미 꽃잎이 한 송이의 장미가 될 수 있듯이 말이다. 많은 빵집에서 케이크 위에 적당히 짜여진 장미를 보면 우리가 너무나도 한 송이 장미만을 생각하는 것이 아닐까 한다.

3-15.
준비의 첫걸음

"교수님. 저는 푸드 코디네이터가 되려고 합니다."

이제 막 2학년이 되는 학생과의 면담이었다. 제과제빵을 전공으로 하는 학생들에게도 한식과 서양요리의 중요성을 심어주며 이론과 실습을 배울 것을 권했던 터였기에 선뜻 말을 잇지 못했다. 이 학생이 푸드 코디네이터라는 직업을 알고 말하는 건가? 3,500원에 파는 초콜릿 케이크 조각을 예쁜 접시에 장식을 하고 생크림과 과일을 곁들여 8,000원에 팔 수 있도록 만드는 직업이 아닌가? 또는 스테이크 애피타이저로 퍼프 페이스트리에 크림소스와 새우를 담아 내는 메뉴를 개발하는 것인가? 단지, 요리를 잘할 수 있다고 해서 되는 직업은 아니지만 요리의 제조과정이나 결과물이 만족스럽지 못하면 그 요리의 참맛을 고객에게 전달할 수 없는 것은 뻔한 사실이다. 게다가 요즈음은 퓨전 음식이 대세이고, 또 그렇게 해야만 고객의 욕구를 충족시킬 수 있다. 오래된 이야기이지만 실제로 일식 정식에 디저트로 미즈 양갱을 소개하기도 하였으며, 스위스 요리학교의 레스토랑에서 제공되는 스테이크 정식 디저트로 학교에서 직접 만든 초콜릿 한 조각을 먹어 보기도 하였다. 결국 푸드 코디네이터는 양갱과 같은 새로운 제품을 디저트로 선택하는 초보적인 일부터 배우는 학교라는 뚜렷한 목적의식을 갖고 메뉴를 구성하는 전문적인 환경까지 생각되어야 할 부분이 많은 것이다.

나는 학생들에게 훌륭한 제빵사가 되려면 잡기에 능해야 한다고 이야기한다. 단지 호밀 바게트나 오렌지 시폰케이크를 잘 만드는 것은 경력이 쌓이면 이루어 낼 수 있지만, 이러한 부분은 다른 제빵사들도 할 수 있는 것이다. 사진기술을 통해서 멋있는 제품을 찍을 수 있다면, 꽃꽂이 강습을 통해서 훌륭한 구도를 갖는 케이크를 완성할 수 있다면, 미술을 통해서 잘 배치되는 색감을 얻을 수 있다면, 컴퓨터 지식을 이용해서 체계화된 나만의 정보를 담을 수 있다면, 이는 곧 자신의 미래 제빵사업과 무관하지는 않으리라 생각된다. 더욱이 이러한 잡기는 필요한 시기에 시작해서는 늦으므로 바쁜 일상의 사회생활에 접어들기 전에 거쳐야 할 준비과정이라 생각된다. 매년 배출되는 수천 명의 학생들이 모두 성공할 수는 없다. 그러나 철저한 준비과정을 이행했던 사람들에게 성공의 열쇠는 보다 쉽게 다가올 수 있는 것이다.

대학원 생활의 결정체는 실험논문을 작성하는 것이라고 할 수 있다. 제과제빵 실험은 자연과학의 색이 짙기 때문에 기존 연구들을 정리하다 보면 실험결과를 미리 예측할 수 있으며, 실험방법 또한 그려낼 수 있다. 또한 새로운 많은 정보들을 접하다보면 연구 주제도 쉽게 얻을 수 있다. 나의 경우 박사 실험을 위해서 외국 논문 130여 편을 읽고 정리했으며, 실제로 논문에 사용한 편 수는 100편이었다. 남들이 쉽게 보일지라도 많은 준비가 있었던 것이다. 지금은 단지 한 편의 책자로 남아있을지라도 말이다.

사람들이 살기 위해서는 필요한 에너지를 취해야만 한다. 다시 말하면 먹어야 사는 것이다. 즉, 먹는다는 것은 살기 위한 준비과정이다. 생과 사가 먹는다는 하찮은 준비과정에 따라 건강하게 또는 불행하게 살게 되듯이 모든 일에는 정도가 없다. 단지 철저한 준비만이 하고자 하는 일을 만족스럽게 마칠 수 있으며, 또한 하고자 하는 길로 안내하게 될 것이다. 결론은 모든 일에 앞서 미리 준비를 하자는 이야기이다. 물론 모든 정도에는 편법이 존재한다는 것도 사실이지만 정도와 편법은 마음먹기에 달려있지 않은가 말이다.

3-16.
골프

내 방에는 골프에 관한 트로피가 7개가 있다. 홀인원 두 번에 싱글은 물론 몇몇 대회 우승 트로피들이다. 그럼에도 불구하고 어느 날은 백돌이에 가깝게도 스코어가 치솟아서 그런 날은 어김없이 '이제 골프 그만두어야 할까보다' 하는 다짐 아닌 다짐을 하곤 한다. 그러나 프로들이 짧은 어프로치에서 뒷땅 치는 것을 보면서는 가끔 필드에 나가는 아마추어인 나는 '잘 치는거네' 하는 위안을 삼기도 한다. 한때 세계 1위였던 골프 황제 타이거 우즈는 요즘 어떤가. 아무리 개인 신상 문제만으로는 설명이 될 수 없다. 그러나 우리는 안다. 공은 캐디가 봐주니까 고개 들지 말고, 힘 빼고 뿌리라는 정석을 말이다. 매일 골프를 한다 해도 결과는 매번 다른 것이 골프다.

"교수님은 제일 자신 있는 제품이 무엇입니까?"

"교수님의 목표가 있다면?"

신문기자와의 인터뷰 말미에 나온 질문이었다. 짧은 망설임 끝에 주저없이 대답했다.

"식빵이요."

"매번 똑같은 식빵을 만드는 게 목표입니다."

고개를 갸웃거리는 기자는 무척이나 궁금했던 것이다. 제법 유명했던 제빵교수 입에서 식빵이 목표라니 이해가 안 되는 것이 당연했을 것이다. 그러나 내가 식빵이라 말한 이유는 거의 모든 실험들이 식빵을 이용하여 연구되기 때문에 누구보다도 식빵에 대한 자신이 있었던 것이다. 또한 제빵과정은 한두 가지의 과정으로 만들어지지 않을 뿐만 아니라 제조환경에 따라서도 결과는 다르게 나타나기 때문에 같은 사람이 한 장소에서 만들지라도 똑같은 빵을 만든다는 것은 거의 불가능에 가까운 것이다. 이러한 것을 가능케 할 수 있는 노력은 완벽에 가까운 기술이 절대적으로 필요하긴 하다. 그러나 기술도 시시각각 변하는 환경에 대응할 수 있는 학문적인 지식이 수반되어야 올바른 길로 들어설 수 있다.

제빵 실습실의 시작과정을 잠시 보면 재료 계량이 끝나면 반죽을 하게 된다. 각 조들이 계량은 정확히 달았다는 가정하에 반죽기를 이용하여 반죽을 끝냈을 때부터 문제는 발생된다. 각 조들마다 반죽온도가 다르게 나타나는 것이다. 정확히 말하면 미리 나누어준 공정표에 언급된 저속 2분, 중속 10분이란 지침이 무색해지는 순간이다. 그 이유를 든다면 우선은 반죽기의 효능이 다르다는 것에서 기인할 것이며, 학생들의 재료 투입 방식이나 순서에 의해서도 발생할 수 있다. 대학교 수업시간은 정해져 있다. 따라서 그 시간 내에 모든 조들이 작업을 끝내기 위해서는 제빵사들이 말하는 기술이라는 편법이 동원되는 것이다. 발효실에 반죽을 넣는 위치를 조정하게 되며, 경우에 따라서는 펀칭도 하는 것이다. 골프에서 150m가 남았다고 해서 무조건 5번 아이언으로 치기보다는 6번이나 심지어는 여자들의 경우 3번 우드를 잡게 된다. 결국에는 좋은 스코어를 얻고자 하는 목표에 맞는 클럽을 잡으면 되는 것이다.

한 가지 빵을 만들기 위해 사용되는 제빵법은 다양하다. 직접법, 스펀지법, 후염법, 저온발효법, 사워법 등이 그것들이다. 요즈음엔 너도나도 천연발효법을 마치 제과점의 특색인 양 홍보를 한다. 특히 외국에서는 찾아 볼 수도 없는 하이브리드법이라 하여 사워종을 만들 때 이스트를 사용하기도 한다. 그러나 알고 보면 사워종에 이스트를 사용하는 것은 두 재료들 간에 일어나는 시너지 효과로 인해 빵의 부피가 좋고 오랜 제조 시간을 단축시킬 수 있는 방법으로 이는 비가(Biga)라 하여 이미 사용되어져 왔다. 중요한 것은 소비자들이 원하는 맛을 위한 적절한 수단을 뽑아들어야 한다는 것이다.

3-17.
체험과 생활

오늘 아침은 보통보다 조금 늦게 출근하였다. 온통 공사판인 학교는 그야말로 주차 전쟁이었지만 무려 30분이 넘게 걸려 불법인 곳 한편에 차를 세울 수 있었다. 정말 어처구니가 없는 시간 소비였고, 짜증이 난 하루의 시작인 셈이다. 도대체 총장은, 사무처장은 이런 불편을 알고는 있는지? 본인들이야 주차에 허덕일 필요가 없을테니 당연히 모를 것이다. 가끔 국회의원이나 서울 시장이 지하철을 타고 출근길에 사람을 만나는 사진과 기사를 보곤 한다. 옆 자리에 앉아있는 사람과 시정이 어떠니, 생활이 어떤가를 묻는 모습을 보면서 '출근 시간에 널찍이 앉아서 가는 게 얼마나 어려운 것인지를 알까?' 하는 생각이 든다. 하지만 출근길의 사람들은 요행이 따르지 않는 한 불가능이라는 것을 안다.

제빵학원에는 자격증반이 있다. 그야말로 자격증을 따기 위한 반으로서 그저 자격증 품목을 한두 번 체험해 보고 시험에 임하게 된다. 그러다 보니 막상 현장에서는 처음부터 가르쳐야 되는 번거로움이 따르게 된다. 학원과 비교해 보면 2년 또는 3년제 대학의 여건은 많이 좋은 편이라 생각한다. 교수의 능력에 따라 다르겠지만 '본인들의 생활이 학생들에게는 체험으로 끝나지는 않을까?' 하는 걱정이 앞선다. 왜냐하면 2, 3명 이상의 교수가 있는 대부분의 대학들에서는 서로의 전공을 지켜주는 예의가 존재하기 때문이다. 그래서 실기 교수는 실습에 필요한 기본적인 이론만 가르치려 하게 되며, 이론을 담당하는 교수와의 다른 마찰을 피하게 된다. 4년제 대학은 더욱 열악한 상태라 생각한다. 기본적인 교양뿐만 아니라 수많은 과목들로 인해 제빵을 할 수 있는 기회도 적으며, 시간 또한 무척 짧다. 그러다보니 체계적인 실기와 더욱 정리된 이론의 학습이 필수적이 되었다. 더욱이 교수로의 생존이 걸린 연구실적은 미래의 학습을 위해 투자되어야 할 시간을 옭아매는 족쇄가 되고 있다. 끊임없이 연구해야 하는 교수에게는 당연한 일처럼 생각이 들기는 하더라도 연구실적으로 인해 제과제빵 주제와 다른 성격의 논문을 만든다거나 손쉽게 다른 사람들과의 공저로 고만고만한 책들이 발간되는 것은 아닌지 걱정이 된다. 더욱이 교육부의 감사로 인해 이론 과목의 경우 3시간 연강도 못하는 지경에 이르렀다. 사실 제과제빵 이론은 실기가 뒷받침될 때에 그 효과를 극대화할 수 있는 부분들이 상당히 많다. 아무리 '반죽 과정의 6단계가 이렇다' 해도 실제로 한번 반죽을 해보면 명확히 알 수 있기 때문이다. 반죽 통에서 깨끗이 떨어지는 클린업 단계나 반죽을 펼쳐보아 알 수 있는 최적의 글루텐 발전 단계 등이 그럴 것이다.

나의 제빵실기 편성을 보면, 첫 번째는 토스트 식빵을 만든다. 두 번째는 부드러운 식빵을 위해서 유지를 더 첨가하여 만드는 버터 식빵이다. 세 번째는 밀가루가 아닌 가루류를 혼합하는 호밀과 옥수수 식빵이다. 그리고 식빵의 마지막 단계로 건포도나 무화과 등을 이용한 식빵을 만든다. 이러한 과정을 통해서 학생들은 스스로 반죽의 물성 변화를 알게 되며, 시중에서 판매되는 대부분의 식빵을 만들 수 있는 기술력을 갖추게 된다. 그러나 이러한 편성이 처음부터 만들어진 것은 아니다. 부족한 시간에 맞추기 위한 고육지책이며, 나름대로 성과에 만족하고 있다.

제과제빵은 한 가지 기술만이 아니라 여러 지식들이 갖춰져야 비로소 완성이 되는 것이지만 재료 본연의 맛을 존중해야 하는 직업이기도 하다. 캐러웨이 씨를 첨가한 호밀빵을 만들면서 남들이 넣는다고 버터를 사용하는 우를 범해서도 안 되는 직업인 것이다. 하물며 한번 만들어 보았다고 직업 전선에 뛰어들 수는 없는 것이다.

3-18.
맛과 멋

우리는 음식을 먹을 때에 자신의 만족을 나타내는 표현으로 맛이란 말을 한다. 맛있는 사과, 맛있는 케이크, 맛있는 빵 등등... 물론 시큼하고 단맛이 나는 사과, 달콤하고 신선한 케이크, 부드러운 빵이라 표현하기도 하지만 이러한 표현은 단지 물성학적인 특성과 보편적인 5가지 맛으로 음식을 표현하는 것에 불과하다. 더욱이 신맛이나 쓴맛이 나타나는 케이크나 빵이라면 소비자들로부터 외면을 당하게 될 것이다. 결국, 제과제빵에서 최종적으로 평가되어야 할 맛은 극히 제한적일 수밖에 없다.

한편 멋이란 아름다운 자태를 일컬어 하는 말이라 생각된다. 멋있는 여자, 멋있는 자동차, 멋있는 풍경 등등... 물론 아름답고 늘씬한 여자, 럭셔리하고 비싼 자동차, 운치있고 수려한 풍경이라 할 수도 있지만 이는 비교 대상을 고려하여 표현하는 것에 불과할 뿐이다. 어느 누구도 멋있는 사과라거나 맛있는 여자라고는 하지 않는다. 대부분의 경우 사과의 자태를 따지거나 여인에 대한 만족을 선뜻 나타내지는 않기 때문인 것이다. 그러나 소비자들이 맛있는 빵을 찾음에도 불구하고 우리 제빵인은 멋있는 빵이란 표현을 자주 해야만 한다. 제과제빵을 직업으로 하는 우리가 빵의 중요성을 생각한다면 말이다.

전기밥솥에 쌀을 넣고 밥을 만들고 나서 희열을 느끼는 사람이 있을까? 그러나 산에 올라 코펠에서 지은 밥을 보면 왠지 모를 뿌듯함이나 희열을 느끼는 것이 다반사 아닌가? 이 둘의 차이는 간단한 것에 있다고 생각한다. 스스로가 노력하여 얻은 결과물로 인한 만족감이 다르다는 것이다. 하물며 빵을 만드는 것은 밥을 하는 것과는 비교가 되지 않을 정도로 오랜 시간과 지켜야 할 복잡한 과정들을 거친 후에야 이루어질 수 있다. 따라서 완성된 맛있는 빵에서 얻는 기쁨이 소비자 만족뿐만 아니라 나에게는 돈이라는 물적 보상까지 연결되기 때문에 우리는 어느 누구에게나 행복을 줄 수 있는 빵에 멋이라는 수식어를 사용하는 것이 어떨까 한다. 비록 소비자들이 '와! 맛있는 빵이다' 할지라도 말이다.

요즈음 소비자들은 풍부한 대중매체의 영향으로 인해 빵이 밀가루를 반죽하여 발효를 시킨 다음 모양내서 굽는다는 정도는 알고 있다. 그러나 근본적인 이론이 비슷한 천연발효나 자연발효빵은 어떤가? 하물며 천연효모는 또 무엇인가? 천연발효 반죽을 분석해 보면 수종의 유산균과 효모들이 존재하고 있는 것이 밝혀졌다. 다시 말하면 이들이 반죽의 발효환경에 따라 강약의 활성 정도가 다르게 나타난다는 것이다. 우리가 현재 사용하고 있는 효모는 오랜 기간 동안에 좋은 빵맛을 고려하여 개발된 효모라 할 수 있다. 그런데도 사람들은 또는 제빵인들은 천연효모란 단어를 마치 최상의 제품을 대변한다고 착각하고 있으며, 이러한 점을 홍보의 수단으로 여기고 있다. '옛날 같은 맛있는 빵이 없다'는 나이 드신 소비자들을 가끔 만나게 된다. 이런 부류의 소비자들이 그 당시에 빵을 어떻게 만들었는지를 알지는 못하겠지만 육십 줄에 있는 제빵 경력자라면 당시의 반죽은 대부분 전날에 혼합하여 다음 날에 만드는 오버나이트(over-night)법을 사용했다는 것을 안다. 그야말로 자연발효법과 동일하였던 것이다.

우리의 땀과 정성이 깃들어 있는, 우리의 노력과 경력이 깃들어 있는, 우리의 지식과 기술이 깃들어 있는 빵을 우리가 '멋'있다고 하는 것이 나만의 자부심이 아니길 바래본다.

"맛있는 빵입니다."

고객 앞에서는 이렇게 말할지라도 말이다.

3-19.
미래의 예측

사람이 미래를 예측하고 그들의 길을 미리 정한다는 것은 매우 어려운 일이다. 그럼에도 불구하고 나아가야 할 길의 올바른 정보를 습득할 능력을 가지고 있다면 문제는 쉽게 풀릴 수도 있다. 제과제빵을 가르치고 있는 교수의 입장에서 본다면 그 길은 곧 외국의 최신 자료들을 이용하여 예습하고, 현재의 상황에 대입하고자 하는 연구가 될 것이며, 그러한 연구를 바탕으로 하여 보다 나은 산업의 공헌을 이룩하게 된다.

나는 천연발효의 장점들을 강조한 논문들을 일찍이 접하였으며, 그 결과 2004년부터 최근까지도 대학원 학생들로 하여금 연구하여 발표하게 되었다. 2004년 처음에는 사워종의 특성을 알아보는 초보적인 단계에 머물렀고, 2005년에는 우리밀을 이용하여 우리나라의 독창적인 사워종을 개발하기도 하였으며, 2006년에는 혼합 유산균을 가미하여 발효 시 초래되는 유산균 간의 특성을 비교하기도 하였다. 2009년에는 국내의 밀 품종 중 가장 뛰어난 결과를 나타내는 품종을 선택하여 그것을 이용한 분말 사워종을 만들어 수입품과의 비교도 시도하였다. 또한 빵뿐만이 아니라 스펀지케이크 제조에서도 사워종의 이용 가능성을 알아보기도 하였다. 2014년에는 국내산 전립분을 이용한 결과를 제시하고 사용하기 편한 분말 형태를 만들기 위한 건조공법에 대해서도 발표하였다. 최근에 새로운 곡류를 이용하는 모든 연구에서는 부수적으로 천연발효종의 결과를 함께 발표하기에 이르렀다. 결국 요즈음 대세인 천연발효빵은 나의 연구실에서는 이미 15년 전부터 진행되고 있었다. 국내에서 미래를 예측하는 제과 기업인이 있었다면 '벌써 국내 산업을 위해 쓰였어야 할 소중한 지식들이 사장되고 있는 것은 아닌가?' 하는 안타까움이 앞선다.

바나나, 꿀, 그리고 사카린은 영양학적으로나 안정성에 있어서 새롭게 각광받고 있는 재료이다. 며칠 전 TV에서 본 빵 영상 중에 천연발효종의 되기를 위해서 바나

나를 익혀서 첨가하는 것을 보았다. 바나나의 첨가는 이러한 반죽 되기 조정을 위해서가 아니라 우수한 영양학적 고려를 위해서 사용되어야 한다는 주제는 이미 2013년에 연구되었다. 허니버터칩의 열풍으로 인한 꿀의 사용은 모든 식제품에서 각광을 받게 되었다. 꿀은 여러 영양학적인 이점 외에도 빵 제품의 저장성을 증진시키는 역할도 하며, 특히 천연 재료로서의 위치는 뛰어나다고 할 수 있다. 2013년 액상꿀뿐만 아니라 분말 꿀의 효능성도 알아보았다. 발암 물질의 하나로 여겨졌던 사카린은 2000년 들어서 미국의 발암물질 목록에서 삭제되었다. 결국 2014년 식품의약품안전처에서는 개정고시안을 통해 최대 허용치를 발표하게 되었다. 연구실에서는 2015년 값싸고 감미도가 높은 사카린을 설탕이 많이 필요로 하는 머핀에 적용시켜 설탕 대체재로서의 가능성을 연구하기도 하였다.

내가 초등학교에 다닐 때에는 인간의 복제는 공상과학으로나 설명되던 시절이었다. 그러나 요즈음엔 부호들은 자신이 사랑하던 가축이 죽었을 때 일부에서는 복제를 통해서 다시 보살피고 있으며, 이로 인해 복제 산업은 번창하게 되었다는 소식을 접하기도 한다. 또한 알파고를 통한 인공지능의 IT 산업뿐만 아니라 생명공학의 BT 산업도 촉망되는 산업으로 예측되고 있다. 공상과 엉뚱함이 미래를 예측하는 하나의 도구가 된 셈이다. 그러나 이러한 결과는 하루 아침에 일어나지 않았으며, 오랜 연구의 결과일 뿐인 것이다. 제과제빵에서도 이러한 연구가 진행되지 말라는 법은 없다. 가령 3D 프린터를 이용하여 빵이나 케이크를 만드는 시도처럼 말이다.

3-20.
연구의 왕도

대학 교수로서 소임을 마친다는 것은 쉽게 이루어낼 수 있는 일은 아닌 것 같다. 내가 속해 있는 학과만 하더라도 30년 이상의 역사를 가지고 있지만 정년퇴임 후 명예교수는 내가 처음인 것이 이러한 점을 말해 주는 것 같다. 조 교수, 김 교수, 정 교수, 신 교수, 최 교수 그들 모두는 안타깝게도 명예교수가 되지 못했다. 대부분의 경우 봉직 연한이 모자란 것이었지만 그들 중에는 미리 명예 퇴직을 하였거나 불미스러운 일에 연관되기도 하였다.

종합대학 교수들은 2년제 대학과 비교하면 연구 능력과 결과물에 대한 압박을 상당히 많이 받는다. 특히 제과제빵과 같이 기술이 가미된 실용학문일 경우 교수들이 받는 강도는 무척 심한 것이 사실이다. 왜냐하면 종합대학에서는 한 학과의 특성을 배려해 주는 것이 아니라 예외 없이 학교 전체 틀에 맞게 평가되기 때문이다. 심지어는 2년 내에 발표된 논문 실적이 없으면 대학원생의 지도도 맡을 수 없는 실정인 것이다. 과연 대학원생 없이 연구를 진행한다면 처음부터 끝까지 내가 스스로 해야만 하는 기막힌 상황에 처하게 될 것이다. 더욱이 내 경험에 의하면 대학원생 스스로 주제를 찾아 연구를 시작하는 경우는 매우 드물었다. 따라서 매번 새로운 주제를 탐색하고 올바른 연구방법을 제시하는 사람은 나였던 것으로 기억된다.

"사워 반죽으로 케이크를 만들어 보면 어떨까?"

"베이킹파우더는 산과 소다가 작용하니까 가능할 것 같은데..."

실험 결과는 훌륭했고 소논문으로 발표되었다. 우리는 흔히 사워반죽으로 빵을 만들지만 첨가물인 베이킹파우더를 사용하지 않고 소다와 작용하는 산을 천연 사워분말로 대체하였던 것이다. 이처럼 창의적인 발상이 새로운 연구를 이끌어 내는 것이다. 소금 스트레스를 이용한다면 빵 발효능력이 훨씬 좋아지는 연구도 하였다. 소금 스트레스 방법은 소금물을 이용한 식물 재배의 한 방법으로 식물이 더 잘 자란다. 다시 말하면 우리가 감기 예방주사를 맞으면 약하게 감기가 지나가서 예방이 되는 것과 같은 이치인 것이다. 소금에 스트레스를 받은 세포가 활성이 더욱 좋아졌다는 최신 외국 논문을 접한 것이 시작하게 된 동기였다. 반죽온도가 높아지면 발효율도 증가할 것이라는 관점에서 전자 오븐을 이용하여 반죽온도를 단시간에 높이는 방법도 연구하였고 결과는 30% 이상의 발효 시간 감축을 얻을 수 있었다. 실제로 제빵과정 중 가장 오랜 시간이 1차 발효에서 일어나기 때문에 상업적으로 매우 유용한 결과인 것이다. 이 논문은 2011년 춘계학술대회에서 학술상을 받기도 하였다.

"교수님 크럼스캔을 이용하고 싶은데 가능할까요?"

실험실에는 컴퓨터와 스캐너를 이용하여 빵의 속질을 분석하는 기기가 있다. 빵이나 케이크의 기공, 껍질, 부피 등을 측정할 수 있는 기기로 다른 곳에서는 쉽게 접할 수 없는 기기지만 이것도 제한점이 있다. 빵이나 케이크 그리고 백설기와 같이 기공이 있는 제품을 평가하게 되는 것이다. 그러나 사람들은 무조건 최신 기기라 생각하고는 있으면서도 정작 이 기기가 분석할 수 있는 제품이 한정되어 있다는 사전 지식이 없는 것이다. 따라서 무조건 크럼스캔으로 분석하였다가 아니라 제품이 분석될 수 있는가를 먼저 알아보아야 하는 것이다.

연구의 왕도는 따로 없다고 생각한다. 단지 '이러면 어떨까' 하는 엉뚱한 발상에 충분한 검색을 통한 준비된 지식만이 연구를 완성으로 이르게 한다고 생각한다. 결국, 노력이란 말이다.

3-21.
역사의 관점

빵의 역사는 언제부터이며, 유래는 어떻게 진행되었을까? 빵을 가르치고 있는 학자라면 누구나 한번쯤은 생각하고 연구를 해보고자 하는 주제가 아닐 수 없다. 나에게도 대대로 내려오는 족보가 있고, 지구상에 인간의 유래가 존재하듯이 말이다. 분명한 것은 역사를 살핀다는 것은 대상 주체가 반드시 있다. 족보에서는 보통 장손을 따져 효시라 하는 것으로 안다. 그래서 장남이 아닌 둘째 이하의 손에서는 그들을 효시라 하여 나는 무슨무슨 대군 18대 손이라 한다. 효시를 낳아주신 부모님을 무시하고 말이다. 만일, 자식을 낳아주신 부모님을 효시라 본다면 신화에서 나오는 단군이 나의 효시가 아니겠는가? 그만큼 역사의 관점은 생각의 관점 구분에 따라서 다르게 말할 수 있다.

빵의 세계 역사를 보면 기원전 6000년경 스위스 동굴벽화에서 나타난 것을 효시로 하고 있으나 그저 떨어진 낟알들이 물에 붙고 따가운 햇볕에 건조되는 정도를 말하는 것이다. 오히려 빵의 주재료가 밀가루인 점을 감안한다면 곡식이 풍요롭게 재배되었던 기원전 4000년경 메소포타미아 지역을 말하기도 한다. 그러나 보편적인 학설로는 전쟁이 많았던 이집트 시대에 군사의 식량으로서 혹은 노역에 동원된 백성에게 지불하는 수단으로서 생산의 관점에서 본다면 기원전 2000년경 이집트 시대가 맞다. 지금의 천연발효빵도 벌써 그 당시에 존재하고 있었으니 말이다. 또한 상업적으로 본다면 협동조합이 만들어지고 대중을 대상으로 판매가 이루어졌던 로마시대도 빼놓을 수 없다. 또한 과학적으로 본다면 1860년경 유명한 과학자인 파스퇴르에 의해서 발효의 원인이 규명되었던 시점이 될 수도 있겠다. 어떠한 관점에서 역사를 따지는가 하는 의문은 어떠한 주제 아래 보느냐 하는 문제라 할 수 있다.

국내의 경우, 흔히들 구한말 무렵 1900년경 외국의 선교사들에 의해서 지금의 호텔과도 같은 정동구락부에서 면포와 설고를 팔았다는 것을 효시라 한다. 그러나 기록적인 관점에서 본다면 우리나라에 표류되었던 하멜 일행들이 1653년 탈출 시 빵을 만들었다는 기록이 존재하며, 그 이전에도 1628년 제주에 표류되었던 박연 일행이 빵(마른 떡)을 먹었다는 기록도 전해져 온다. 기술적인 관점에서 본다면 일제시대를 통해 제과제빵 기술이 국내에 전파되기 시작했으나 이미 1902년 한일합병 이전에 일본인들에 의해 설립된 빵집이 국내에 있었다는 문서가 존재하는 것도 사실이다. 그러나 기원전 2000년경부터 중국에서는 밀 재배를 하였으며, 이를 이용한 빵들도 있었으리라 생각된다. 중국의 문물을 오랫동안 받아들여 왔던 우리나라 경우, 예로부터 밀가루는 매우 귀한 식재료로 취급하였으며, 古조리서들에서도 밀가루를 이용한 한과도 다양하게 나타나고 있다. 그렇다면 국내의 빵 기원은 우리가 알고 있는 것보다 훨씬 이전부터일지도 모르겠다.

국내에서 동네빵집과 프랜차이즈 대기업 간의 싸움이 한때의 역사였지만 또 다른 새로운 빵집역사를 만들고 있다고 생각한다. 엊그제 TV에서는 조그만 동네빵집을 조명하였다. 아프신 아버지를 위해서 좋은 빵을 만들고자 하는 젊은이가 하는 빵집이었다. 내가 가르치고 있는 과목 중 하나인 '베이커리 특수경영'에서는 각 조마다 빵집을 방문하여 주인과 소비자의 설문 분석과 함께 SWAT과 같은 경영분석도 해오고 있다. 한 가지 흥미로운 점은 그동안 많은 빵집들이 문을 닫기도 했지만 한편에서는 그런 젊은이들이 운영하는 빵집들이 눈에 띄게 늘어났다는 것이다. 정말 바람직한 역사의 탄생이라 하지 않겠는가? 너무 역사에 얽매이지 않는다면 말이다.

3-22.
공기와의 싸움

나는 가끔 제빵이론 시험 문제에 빵이 팽창하는 데에 가장 큰 기여를 하는 기체가 어떤 것인가를 묻는다. 대부분의 학생들이 선택하는 답은 이스트 발효에서 얻어지는 탄산가스를 이야기 하지만 실제로 정답은 질소이다. 왜냐하면 공기에 포함되어 있는 기체 중 질소의 함량이 70% 이상으로 가장 많기 때문이다. 어찌 보면 '우리가 살고 있는 지구에서 인간의 존재란 공기의 존재로부터 비롯되는 것이 아닌가?' 하는 생각도 든다. 비록 무색무취에 돈으로 사지 않아도 되는 존재일지라도 공기의 고마움은 그리고 소중함은 다른 어떤 것과도 비할 바가 아니라 생각한다.

흔히 아침에 식사용으로 접하는 식빵은 40% 이상이 이런 공기로 구성되어 있고, 간식으로 먹는 케이크의 폭신함은 이런 공기의 많고 적음에 따라 나타나며, 공기의 크기가 크거나 작음에 따라 거칠거나 부드러운 빵과 케이크가 만들어지게 된다. 다른 재료들을 생각하지 않고 오로지 공기만을 고려해 보면 말이다. 사람들이 맛있다고 여기는 생크림의 경우 얼마나 많은 공기가 내포되었는가를 생각해 보면 극단적이라 할 수 있겠다. 제과제빵을 하는 사람으로서는 비밀로 간직하고 싶지만 생크림은 원 무게에 두세 배의 공기가 들어 있다. 옛날에 봉이 김선달은 대동강 물을 팔았다고 한다. 제빵인은 값을 지불하지 않아도 되는 공기를 고객들에게 파는 것이다. 제품이 잘못되지 않을 정도에서 최대의 공기를 집어넣고 그것을 완성된 제품까지 얼마나 잘 유지시키느냐 하는 것은 제빵인들의 기술과 경험이라 할 수 있다.

공기란 재료에 대해서 따로 제빵 기능을 가르치진 않는다. 그러나 인간에게 공기의 중요함이 있듯이 제빵에서도 공기의 기능은 인간의 존재 유무를 결정할 만한 중요성이 있다. 공기가 들어있지 않은 빵 반죽은 바로 다음 단계인 발효부터가 일어날 수 없다. 마치 얼음 핵이 결성되어 얼음 덩어리가 커지듯이 반죽 속에 있는 수십만 개의 작은 기공들이 온도의 상승에 따른 내부 압력의 증가로 반죽은 부풀게 된다.

따라서 공기가 없는 반죽으로 빵을 만든다는 것은 거의 불가능에 가까운 것이 사실이다. 눈에 보이지도 않고 잡을 수도 없는 그리고 공짜인 공기! 어찌 고마운 존재가 아니겠는가?

공기는 환경에 따라 자주 제 모습을 바꾼다. 높은 산 정상에 올라서 느끼는 산뜻하고 시원한 공기가 있는 반면에 매캐하고 후덥지근한 공기도 있다. 제빵 과정에서 공기의 변화를 보면 발효 과정에서 탄산가스와 향들이 섞이기기도 하며, 굽는 과정의 메일라드 반응에 의해서 새로운 향들이 생겨나기도 한다. 또한 마시면 사망에까지 이르게 하는 탄산가스는 소멸되어 안심하고 빵을 먹게 된다. 이렇듯 빵에 있는 공기에는 수많은 향들과 함께 맛을 느끼게 해주는 기능이 있는 것이다.

복잡한 세상을 살아야 하는 사람들은 하찮은 것에는 신경을 쓰지 않으려 한다. 아니 그것에 허비할 시간이 부족한 것이다. 그러나 세상에는 겉으로 드러나 있는 중요함보다 감춰진 보잘것없는 것들도 있다. 인간의 생체학적인 관점이나 빵 재료의 기능적인 면이 아니라 돈의 관점에서 보면 공기의 중요함이 그러하다고 본다. 돈의 많고 적음이 모두에게 진정한 행복을 주지는 않는다는 사실에서도 알 수 있지 않겠는가? 그래서 사회는 가난한 자와 부유한 사람들이 공존하고 저마다의 역할이 있지 않겠는가? 바람 부는 추운 겨울에 10분을 기다려도 오지 않는 택시를 기다리다 보면 저 멀리서 다가오는 빈 택시의 존재가 얼마나 고마운지 모르겠다. 정말이지 그 안의 하잘것없는 따스한 공기가 유난히도 반갑게 느껴진다.

3-23.
최고와 대가

최고의 기술을 갖고 있는 대가. 과연 어느 분야에서 남들이 인정하는 최고란 사람의 능력과 최고의 능력을 보이는 사람에 해당하는 대가란 말이 공존할 수 있을까? 최고(古)가 아닌 최고(高)는 스스로가 판단하는 문제가 아니다. 최고의 자리는 다른 사람에 의해서 인정받게 되는 정말로 소중하고도 값진 것이다. 그럼에도 불구하고 지나가는 길에서 흔히 볼 수 있는 최고란 단어를 사용한 홍보 문구를 보고 있자면 왠지 씁쓸한 마음이 든다.

장충동 족발 식당 근처에 가 보면 모든 식당들 간판에서 '원조'나 '최초'란 단어가 삽입된 것을 볼 수 있다. 정말로 어느 집이 시초였는지 나는 안다. 어느 때인가는 진짜 원조 집보다도 다른 식당에 손님이 더 많은 것을 본 적도 있었다. 정말로 손님들은 원조 집을 모르는 걸까? 우연히 길을 가다가 '최초로 천연발효를 개발한 빵집' 간판을 본 적이 있다. 강남의 유명한 빵집이니 사람들은 그렇게 믿을 것이다. 빵 역사에서 초창기 시대인 이집트에서부터 만들어져 왔던 천연발효빵이 우리나라에서 1980년대 초반에 생긴 빵집이 최초였을까? 지방의 도시 중 한 곳에 있는 빵집은 가장 오래된 빵집으로 알려져 있다. 1945년 해방 이후부터 현재 상호로 영업을 하였다 하니 가히 우리나라의 현존하는 최고(古)의 빵집이라 할 수 있겠다. 그러나 한국빵과자문화사 문헌에 의하면 1935년 평안북도 출신으로 일본 유학파인 김관욱씨가 천수당 제과점을 개점한 기록도 나타나 있으니 한국인에 의한 빵집이란 관점에서 본다면 그가 최초가 아닐까 한다. 단지 기록에 의해서라면 말이다. 1910년 한일합병부터 해방될 때까지 우리나라의 빵 기술은 일본인들에 의해서 소개되고 발전되었으니 우리가 모르는 또 다른 한국인의 빵집이 있었으리라 생각도 해본다.

생활의 달인 프로그램에 출연한 적이 있다. 직접 기술을 겨루는 대상으로서가 아니라 그들을 심사하기 위한 자격으로 말이다. 순위를 위해서 치열하게 경쟁을 하는 그들은 내 눈에는 달인이라기 보다는 한 가지를 위해 잘 연마된 기계와도 같아 보였다. 어디까지가 기술이고 또 어디까지가 숙련의 완성인지를 구분할 수 없었던 것이다. 분명 남들보다 뛰어난 실력을 발휘하는 점에서는 모두가 달인으로 보였지만 대가는 아니었다. 나는 그들이 대가 취급을 받는다는 것이 못마땅할 뿐이다. 초밥의 달인에서는 초밥에 들어있는 밥알의 개수를 맞추는 것을 본 적이 있다. 달인이 아니어도 숙련된 제빵 기술자라면 60g의 빵 반죽을 손으로 정확하게 분할하는 것이 가능하다. 그저 모르는 사람 눈에는 신비로운 달인의 경지를 보는 것이겠지만 빵을 직업으로 하는 우리에게는 흔히 보는 일인 것이다. 과거의 기술인으로 만족하지 말자. 현재의 달인이 되어야 한다. 더 나아가서는 미래의 대가가 될 목표를 세워야 한다. 왜냐하면 대가가 되기 위해서는 기술이나 숙련 이외에 연륜과 같은 무엇인가가 더 필요하기 때문이다. 더욱이 제과제빵의 분야는 매우 다양하기 때문에 여러 분야의 달인이 되어야 하는 것이다.

다행스럽게도 나는 우리나라에서 최초로 제과제빵 전공을 개설한 대학에 쭉 몸담아 왔다. 그 결과 우리나라 최초의 제과제빵 교수로 알려져 왔지만 제빵 교육 전체로 본다면 그렇지 않다. 비록 최초는 아닐지라도 지금은 작고하신 서인호 이사님이 생각나기도 한다. 빵 교육이란 안주를 앞에 두고 밤새 술잔을 기울이곤 했던 기억 말이다. 후배 교수들, 제빵인들에게 하고 싶은 말이 있다. 최고라, 최초라, 달인이라 말하지 마라. 가려진 역사 속에는 또 다른 최고, 최초, 달인이 있으며, 단지 지금은 가려진 것뿐이란 것을 말이다.

3-24.
복수(複數) 시대

우리나라 가구 중 흰 쌀밥만을 고집하는 경우가 얼마나 있겠는가. 많은 경우 사람들은 저마다의 또는 가족 건강을 위해서 콩과 같은 다른 잡곡들을 섞어 먹고 있다. 인간 생활의 기본인 의식주 문제에서 배고픔을 해결하기 위한 하나의 수단에서 덤으로 건강까지 챙기는 식문화 시대가 되었다. 즉, 하나의 목적이 아니라 복수의 목적을 추구하는 시대에 살고 있으며, 삶의 다변화에 따르는 지극히 자연적인 현상이라 할 수 있다.

제빵 시장의 최근 경향은 건강(health), 편리성(convenience), 기쁨(pleasure)에 기반을 둔 복수의 개념이라 한다. 건강을 생각하면서도 기쁨이 있어야 하기에 맛있는 쌀 빵을 만들고자 하며, 바쁜 일상에 맞추어 편리하게 한입에 먹을 수 있는 크기로 소형화 제품을 만들기도 한다. 특히 소형화 제품은 같은 비용으로 여러 종류의 제품을 구매하여 맛볼 수 있는 기회를 창출하게 되어 고객의 욕구충족뿐만 아니라 경영주에게도 새로운 상품에 대한 매출 기회를 가져올 수 있는 것이다. 단지 소형화 한 가지의 목적이었지만 실제로 얻게 되는 복수의 결과가 존재하는 것이다. 그러나 복수의 목적을 달성하기 위해서는 많은 노력이 우선된다. 그저 쌀로 빵을 만든다는 개념이 아니라 우리가 그동안 먹어왔던 빵과 비교해서 맛과 질감의 감소가 있어서는 아닌 것이며, 자칫 나의 기술이 이 정도라는 광고를 고객에게 하게 될 뿐이다. 나의 못남을 남들 앞에 펼치고자 하는 사람은 없을 것이다. 빵을 잘 만드는 한 가지의 노력에 더하여 쌀의 제빵 기능을 알고자 하는 복수의 노력이 필요한 시대라 생각한다.

계란은 모든 영양 덩어리가 함축된 식품 중의 하나이다. AI 여파로 인해 천정부지로 치솟는 가격에 대항하여 외국으로부터의 수입이라는 초강수를 두기도 했다. 요즈음 같이 건강이라면 가격 불문하곤 하는 시대에 한번 생각해 볼 문제인 것 같다. TV 인터뷰에서 한 주부가 계란 가격 상승으로 가계가 어려워졌다고 한다. 영양

기능면에서 구입하던 하나의 목적이 가격이라는 복수의 변수가 생겨난 것이겠지만 과연 한 개에 몇 십원 하는 차이가 생활에 주름을 잡을 만한 것이라고는 생각하지 않는다. 그저 신문과 방송에서 말하니까 주부도 그렇게 느끼는 것은 아닐까? 마치 남들이 쌀 빵을, 천연발효빵을 만든다고 하니 만드는 것처럼 말이다. 이참에 계란의 영양 기능면을 이용하여 물을 섞지 않은 100% 계란으로 프리미엄 빵을 만들어 홍보해 보면 어떨까 한다. 어차피 계란의 75%는 물이지 않은가 말이다.

세상의 삶은 '나'라는 단수로부터 출발하여 '너'라는 복수의 세상에 더불어 있는 것이다. 나의 행복이 가족의 행복 밑거름이 되고, 한 나라의 행복이 지구 온 세상의 행복이 될 수 있는 것처럼 복수의 세계는 단수가 누릴 수 없는 무한의 세계인 것이다. 그렇다고 무작정 복수를 예찬하자는 것은 아니다. 단지 단수가 가지는 한계를 극복하기 위해서는 복수가 필요하다는 것이다. 많은 실험 논문들을 읽다보면 작거나 옆면이 찌그러져서 잘못 나온 빵을 대조구(control)로 비교한 것들을 보게 된다. 그저 논문을 위한 단수 목적의 실험이라 생각한다. 항산화 물질이나 식이섬유가 많은 재료로 빵을 만들었다고 하여 얼마나 그러한 성분이 남아 있다는 입증도 없이 말이다. 올바른 복수를 달성하기 위해서는 단계별로의 단수가 먼저 충족되어야 한다. 그러나 복수는 단수의 과정이 아닌 새로운 단수 개념에서도 나타날 수 있다. 우리밀을 이용한 천연발효종의 개발에 덧붙여 파우더를 만들어 사용에 편리함을 주듯이 말이다.

3-25.
판단의 차이

빵을 만들어 판다는 것은 바꿔 말하면 고객이 돈을 지불하고 제품을 산다는 것이다. 맛이 같다는 전제하에 우리는 비싸게 팔고자 하며, 고객의 입장에서는 싸게 사려고 할 것이다. 그러면 내가 빵을 만드는 기준의 판단은 무엇이며, 고객이 빵을 사는 판단은 어디에 있는가? 결국 가치(value)의 차이라 말할 수 있다. 이러한 가치에는 빵의 품질뿐만 아니라 위생적인 면이나 서비스의 품질도 있을 수 있으며, 단지 고객은 돈을 수단으로 지불하게 되는 것이다. 따라서 판단은 각자의 몫이 될 수밖에 없으며, 만들어 팔기 이전에 먼저 서로의 판단 차이를 줄이는 방법이 우선되어야 한다.

고객의 종류에는 새롭게 방문하는 신규 고객, 단골이 되어 고정적으로 방문하는 고정 고객, 그리고 어떠한 경우에도 내 점포만 방문해 주는 충성 고객이 있다. 마케팅 대상이 되는 고객의 설정은 시간의 흐름과 함께하는 판단이라 할 수 있다. 새로운 점포를 오픈했을 경우에는 방문하는 고객의 수를 늘리는 일이 가장 시급하다고 할 수 있다. 점포가 자리를 잡았다고 하는 것은 신규 고객이 고정 고객으로 변하였다는 것을 의미하며, 치열한 경쟁에서 살아남기 위해서는 반드시 충성 고객의 도움이 필요하다. 그러나 신규 고객의 창출은 많은 경비가 소요되는 것이 일반적이기 때문에 빵집으로서는 고정 고객의 확보 및 유지관리가 절대적이라 할 수 있다.

고객이 빵집에서 빵을 고르는 평가는 매우 제한적이다. 단지 포장 속에 있는 빵의 색이나 형태, 그리고 크기 정도일 것이다. 고객은 여기에 돈의 가치를 더하여 선택한다. 그러나 제빵인들의 빵 평가는 조금 복잡하여 고객이 느낄 수 없는 향, 맛, 속질의 기공 등도 함께 평가하게 되며, 실제로 빵 평가에서는 겉이 아닌 속질에 대한 평가가 중요시되고 있다. 포장된 모양만을 보고 살 수밖에 없는 고객이 그러한 것을 느낄 수 없을지라도 말이다. 그래서 1,200원짜리 프랜차이즈 빵보다 500원 하는 시장 빵의 품질이 좋은 경우도 많이 있을지라도 고객이 단과자빵을 프랜차이즈 업체에서 사는 경우가 더 많은 것이다. 고객의 판단에 맞는 커다란 빵을 만들어 낼 것인가는 스스로 판단해야 한다. 왜냐하면 기공의 크기가 좋고 나쁨은 고객이 모르는 판단의 기준이기 때문이다. 그러나 빵의 기공이 어떻다는 것을 알 수 있는 제빵인들이라면 적어도 2차 발효를 조금 오래하여 기공을 크게 만들고자 하는 판단을 내리지 말았으면 한다. 적어도 양심을 팔지는 말자는 이야기이다.

세상에는 좋은 사람도 있고 나쁜 사람도 있다. 그러나 좋은 사람에게도 나쁜 면이 있을 수 있고, 나쁜 사람에도 좋은 면이 있다. 그래서 나쁘다고 여기는 사람 주위에도 많은 친구들이 있는 것을 보게 된다. 기계가 아닌 이상 완벽한 인간이 존재하진 않는다고 믿는다. 그저 시키는 대로만 판단하는 사람들로 이루어진 사회는 우리가 미래 로봇 영화에서나 볼 수 있는 기계에 종속된 사회인 것이다. 그래서 나는 미완의 사회, 조금은 부족한 듯한 사람이 있는 현재의 세상이 좋다고 생각한다. 어차피 좋고 나쁨의 판단도 나 자신에서부터 기인하는 것이 아닌가 말이다. 나의 잘못된 판단으로부터 발생된 그릇된 행동에 대해 자숙할 판단의 시간이 나를 한 단계 성숙의 길로 접어들 수 있게 만들지 않는가 말이다.

자격증 시험을 치르는 시험장에 가면 많은 수검자들 사이로 분주히 평가서를 들고 채점을 하는 시험관들을 본다. 과연 그들이 수검자의 진행과정을 처음부터 끝까지 지켜볼 수 있는가? 시험관들마다의 판단 기준이 다 같을 수 있을까? 그래도 알아야만 한다. 내 기술이 모자랐다는 것을... 내 판단이 틀렸다는 것을...

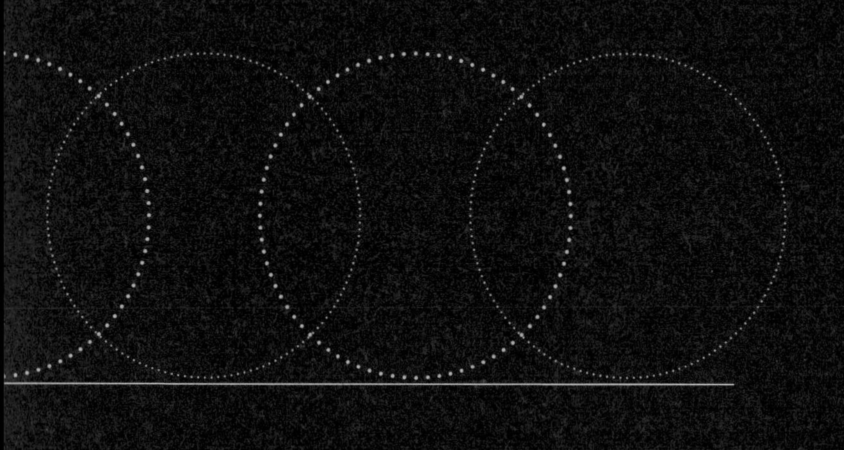

기억의 시작과 끝은 아무도 장담할 수 없다. 15년이 겨우 지난 2006년 4월 일어난 일이었지만 날짜도 기억을 못하고 있다. 그때 와이프와 이탈리아 여행이었지.. 피사의 사탑 근처에서 다가오는 거리 악사와 함께 하는 행복한 와이프. 단지 사진이 있어 기억을 더듬어볼 따름이다. 왔노라, 보았노라, 남겼노라에 덧붙이는 글이 있다면 사진은 더욱 아름다운 기억으로 남지 않을까 한다.

부록

사진 이야기

폼페이

사라졌지만 사라지지 않은
폼페이의 영원함을 바라보며...

지난 영광이 배어있듯...
아픈 고통이 나타나있듯...
현재의 폼페이는 그렇게 내게 다가왔건만...

폼페이의 신화는
지금부터라듯이 내게 다가왔다.

어찌보면 짧았던 폼페이의 역사보다는
영원히 우리에게 보여 줄 수 있는
무한한 역사를 간직한 채
폼페이의 존재를 일깨워준다.

지금도,
그리고 앞으로도
영원할 폼페이를 바라보며...

삶과 갈대

바람이 부는가 보다 마른 갈대 끝이 휘어진걸 보니...
그러나 바람은 없었다
그저 겨울 내내 모진 바람에 휘어졌을 뿐인데...
저 곧곧이 서있는 줄기가 말해주지 않는가...
거센 광풍이 몰아쳤는가 보다 옆으로 누워있는 갈대 숲을 보니...
그러나 아무도 모른다
어떤 시련이 그들을 뉘어놨는지를...
갈대의 생명은 끈질긴가 보다
저 쓰러진 갈대 숲에서도 곧게 서있는 갈대를 바라보니...
그러나 단지 꿋꿋이 서있을 뿐이다
저들이 겪었던 바람도 시련도 남기질 않고...

우리의 삶이 저럴까
우리는 삶을 저렇게 살아야 한다
우리가 삶이 소중하다고 느끼기 위해서는
시련을 겪어야만 한다
그리고 그 시련들을 이겨낸 후라야
진정한 삶의 가치를 볼 수 있지 않을까...

벗

내 생활의 절반이 담겨있다.
비록 새장에 갇혀있는 그러한 나만의 공간일지라도
겨울이 있고 봄, 여름이 있으니
또한 내가 필요한 모든 것이 있는 공간이기에
나는 이 자그마한 방을 사랑한다.
이 풍요로운 공간에 더하여
풍요로운 마음이 늘 내 곁에 머물렀으면 하는 바람을 가지고
오늘도 이 자리에 앉아본다.
문을 열면 내 앞에 가득 펼쳐지는 아름다운 풍경에 도취해서 말이다...
또 새로운 학기가 시작되었다.
늘 그러하듯이 이번 학기엔 이것 하고, 저것도 하고...
그저 욕심으로 머물러 있지 않기를 바란다.
물론, 내가 할 일들이건만
매번 계획으로만 끝난 아쉬움...
어찌되었건 이번에도 시작해 본다
이 아름다운 벗과 함께 말이다.
사랑할 수밖에 없는
내 방에서 말이다...

보이는 사물

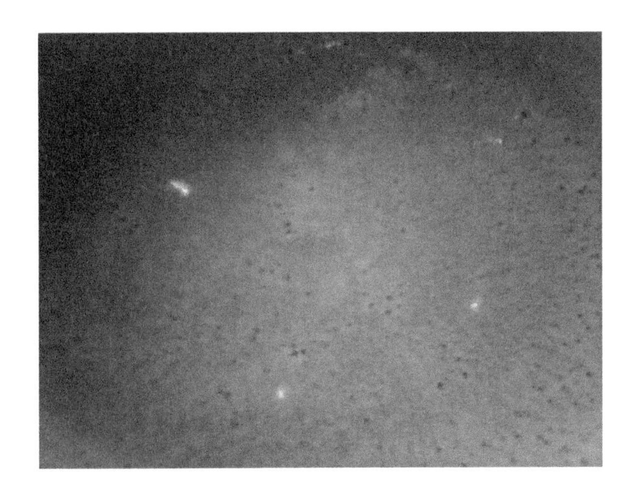

밤 하늘의 별이 이러하더냐..
짙은 안개 속의 새벽이 이러하더냐..

사물은 보이는 그대로가 사물이고
어느 한 부분은 사물이 아니거늘
사람들은 너무나 보이는 것에만 집착하지 않는가...
그저 한갓 사물일 뿐인데도 말이다.

그러나 그러한 사물이 있기에
상상의 존재도 펼쳐지지 않는가
뿌리가 있기에
가지가 형성되듯이 말이다.

달콤한 맛이 느껴진다
구수한 향이 배어나온다
무엇보다도 사색의 여유가 느껴진다.

내가 좋아하는 커피다.

왜 너만...

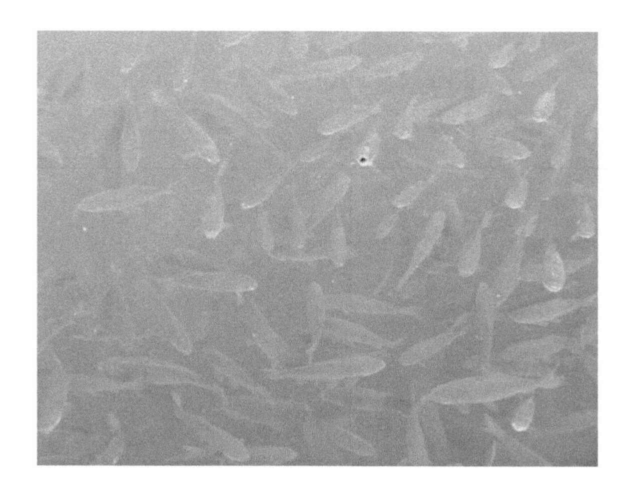

다른 녀석들은 다들 얌전히 물속에 있는데
왜 너만 바깥 세상을 보려하니...
산소가 모자랄까봐, 먹이가 모자랄까봐
인공으로 환경을 만들어 주었는데도 너만 모자란거니?
그 산소 딴 데다 쓰니까 그렇지...

남들과 더불어 살려면 내겐 좀 부족해도 참아야 하고
내겐 싫은 일도 할 수밖에 없지 않겠니?
아님, 혼자 딴 데 살든가...

진정한 자유란
남들도 배려하는 가운데 나만의 자유를 찾아나서는 거야
아님, 자유가 아니라 방종이지...

저 물고기 밖으로 뛰쳐 나온다는게 뭔지 아니?
속에서 죽어 건져 내든가
횟감으로 잡히는 수밖에 없지 않겠니...

흑과 백

어둠으로부터 우러나오는, 절망에서 몸부림치는...
비열한 인간상을 나타내는, 쌩떽쥐베리의 마음에도 있는...
검정！！

밝은 세상을 나타내는, 희망을 말하는...
어린이의 마음에 자리잡은, 쌩떽쥐베리의 마음에도 있는...
하양！！

쌩떽쥐베리도 그러하거늘
흑과 백이 공존하는 세상...
내 마음도, 이 그림도, 어느 하나가 강할 수는 없다
단지, 흑과 백의 조화가 있을 뿐...
어쩌면, 흑과 백이 있기에
더욱 아름다운 세상이 아닌가...

비싼 화분

폼페이의 기둥에 가려진 노란 꽃...
저 위에 걸쳐있던 화려한 지붕은 온데간데없이
기둥만 덩그라니 놓여 있어
날의 안타까움만 더해 준다.

카메라 앵글을 요리조리로 잡아보다
뒤에 피어있던 꽃이 들어왔다.
그래 이거다
허물어져 가는 기둥에 핀 꽃...

정녕 가치를 따질 수 없는 문화유산이 아닌가
그나마 노란 꽃이 기둥의 가치를 인정해주지 않을까?
설령 진정한 가치가 아닐지라도 말이다.

두 개의 태양

이태리를 여행하며 차창에 비친 두개의 태양을 보면서
요즈음 양극화란 주제가 만연된 우리 사회를 다시 한번 생각해 본다.
좋음이 있으면 나쁨이 있고...
이 길이 아니면 저 길이 있고...
내가 아니면 남이 있을지라도 본시의 태양은 하나이듯
우리가 바라는 결과는 하나이지 않을까? ?
하나의 결과를 갖고 여러 과정이 혼재하여
양극화를 만들어 내지는 않을까...
하나의 태양을 바라볼 수 있는 혜안은
고승들만의 몫은 아니지 않겠나...
어려운 고행을 겪어야만 한다면
이 세상을 살아가기엔 민초들에겐 너무나도 버거운 세상이리라...
오늘도 태양은 뜬다
물론 하나의 태양일 뿐으로 말이다.
그저 바라보는 사람에 따라
하나일수도, 또 두 개일 수도 있을 뿐...
기다려 본다
우리 모두가 하나의 태양만을 볼 수 있는 날을...

무거움

잔뜩 찌푸린 하늘 아래 소복이 쌓인 하얀 눈을 머금고
가녀린 자태를 속에 한 채...

세상의 무거움도 없이 모든 괴로움도 감춘 채
마냥 고운 자태를 뽐내고 서있는 겨울나무...

이제 곧 따스함에 사르르 없어질 무거움만이
온 짐을 네게만 지우는구나...

바람이라도 불어와 너의 그 무거움을 벗겨줄 수 있다면 좋으련만
오늘따라 왜 이리도 고요한가...

세상 흐름에 맡기기엔 너무나도 아까운 그 자태
그래도 털어내기엔 너무나도 고운 자태...

털어낼 자유도, 두고 볼 자유도 내겐 하나의 선택일 뿐...
선택의 자유와 그에 따른 결과는 누구의 책임도 아닌
단지 나의 책임일 뿐이리라...

포도나무를 보면서...

작년 저 늙고 단단한 줄기에는
시꺼먼 포도가 주렁주렁 달렸었는데
금년에도 싱싱한 줄기가 뻗어 나왔네.
어린아이 피부와도 같은 저 연약한 줄기에도
자그마한 연녹색의 구슬이 먼저 달릴거야...
포도가 익어가는 색에 따라 줄기도 변해가겠지...
삶에서도 순서의 질서는 있는 것 같다.
이것을 한 다음 저것 등등...
그러나 문제는 가끔 이러한 질서가 무시되는 데에 있는 것 같다.
이러한 혼란은 사회의 질서를 무너뜨리게 되고
한번 무너짐을 맛본 사람들은 항상 불신의 마음을 갖고 살게 된다.
이제 저 연약한 줄기가 탐스러운 포도가 익어갈 때까지
서서히 변하게 되는 질서를 보면서
과욕의 신호등, 내일의 방향등으로 삼고자 해 본다.

사랑은 하나다

사랑이란... 둘이 하나가 되는 것
사랑이란... 서로를 아껴주는 것
사랑이란... 내 마음이 곧 그의 마음인 것
사랑이란... 아픔도 아프지 않은 것
사랑이란... 미워도 미워할 수 없는 것
사랑이란... 봄 여름 가을 겨울이 없는 것
사랑이란... 언제 오는지 모르게 다가오는 것
사랑이란... 싫증이 나지 않는 것
사랑이란... 하나 더하기 하나가 둘이 아닌 것

사랑이란...
그래서 하나다

<경희대 캠퍼스에서>

저 새가 외로워 보이는 건

외로이 떠있는 겨울철새...

저 새가 외로워 보이는 건 차가운 바람 때문은 아닐게다
따뜻한 여름에는 이곳에서 볼 수 없지 않은가?

아니 그보다는 저 새의 홀로 있음이
반짝이며 일렁거리는 물결에 비춰 그렇게 보이는 걸게다
저 새는 느끼지 못하는 데도 말이다...

소원을 들어주는 신이 있다면 부탁하고 싶다...
추운 겨울 먼 이국땅을 찾은 철새들이
배불리 먹을 수 있는 풍성한 음식과
저들이 해맑게 뛰놀다 갈 수 있는
그런 세상을 펼쳐달라고...

아울러 세상살이에 지친 우리네 삶에도
넉넉하고도 포근한 정을 듬뿍 달라고...

모산 2호

덩그라니 방파제 둑길 위에 올려져 있는 모산 2호...
찌들은 때가 그대의 삶을 말해주는 것 같구려
그 배에 고기를 가득 싣고 기쁨에 술 한잔 걸치고 항구로 돌아오는 모습이
눈앞에 선한 듯하구려
언젠가는 심한 풍랑을 만나기도 했을 터인데...
지금 그대는 내 앞에서 아무 말이 없구려...
비록 그대 스스로 이곳에 올라오지는 않았을지라도
그대의 삶이 다하여 인간으로부터 버림을 받았을지라도
아무런 불평을 하지 않고 외로이 서있는 당신...
말할 기회를 준다 해도 그대는 묵묵히 있을 것 같소...
세상에는 잘난 사람들이 너무나도 많소
나 아니면 그것 못 했지 하는 착각에 사는 사람들이 너무나도 많다는 말이요...
그들도 삶이 다하면 그대의 모습보다도 흉하게 변할 수 있건만
그네들은 아직 깨닫지 못하는 게지요...
우리네 삶이 복잡하기는 하지요...
당신이 그걸 알아주었으면 하오
그래야 무슨 오해라도 생기면 풀어줄 끄나풀이 되지 않겠소

발렌타인

내가 알기론...
발렌타인 데이란
서로가 주고 받는 날인데...
우째 요즈음엔
여자가 남자에게 주는 날이라나...
남자는 화이트 데이에...

할 수 없이 나도
초콜릿으로 장미와 하트를 만들어 보았네...

<To my wife and everyone...>